易学易懂
电气回路入门

（原书第2版）

【日】山下明 著

陈译 吕兰兰 陈利 译

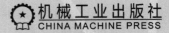
机械工业出版社
CHINA MACHINE PRESS

本书旨在帮助初学者了解电气回路的基本概念和工作原理。从电路的基本概念与工作原理、电磁学的基本概念与相关知识、直流电路和交流电路的基本知识与相关应用等三个方面阐述电气回路的相关知识，力求使读者能够系统性地了解电气回路知识体系。

本书可作为从事电子电气工作的工程技术人员的入门读物，本书是原书的第2版。微电子、集成电路和电子信息等相关专业的通读教材。对于具有电路基础知识与电磁学知识的初学者，也是合适的专业辅导用书。

文系でもわかる電気回路 第2版（Bunkei demo wakaru Denki Kairo Dai 2 han: 5076-5）

©2017 Akira Yamashita

Original Japanese edition published by SHOEISHA Co.,Ltd.

Simplified Chinese Character translation rights arranged with SHOEISHACo.,Ltd. through Rightol Media Limited.

Simplified Chinese Character translation copyright © 2024 by China Machine Press.

本书由翔泳社正式授权，版权所有，未经书面同意，不得以任何方式做全面或局部翻印、仿制或转载。

本书由翔泳社授权机械工业出版社在中国大陆地区（不包括香港、澳门特别行政区及台湾地区）出版与发行。未经许可之出口，视为违反著作权法，将受法律之制裁。

北京市版权局著作权合同登记　图字：01-2021-5630号。

图书在版编目（CIP）数据

易学易懂电气回路入门：原书第2版/（日）山下明著；陈译，吕兰兰，陈利译.—北京：机械工业出版社，2024.4（2024.11 重印）

　ISBN 978-7-111-75340-7

　Ⅰ.①易…　Ⅱ.①山…②陈…③吕…④陈…　Ⅲ.①电气回路—二次系统　Ⅳ.①TM645.2

中国国家版本馆 CIP 数据核字（2024）第 056671 号

机械工业出版社（北京市百万庄大街 22 号　邮政编码 100037）
策划编辑：江婧婧　　　　　　责任编辑：江婧婧
责任校对：龚思文　陈　越　　封面设计：王　旭
责任印制：常天培
北京机工印刷厂有限公司印刷
2024 年 11 月第 1 版第 2 次印刷
148mm×210mm　·　6.5 印张　·　216 千字
标准书号：ISBN 978-7-111-75340-7
定价：59.00 元

电话服务　　　　　　　　网络服务
客服电话：010-88361066　机 工 官 网：www.cmpbook.com
　　　　　010-88379833　机 工 官 博：weibo.com/cmp1952
　　　　　010-68326294　金 书 网：www.golden-book.com
封底无防伪标均为盗版　　机工教育服务网：www.cmpedu.com

原书前言

本书是以第一次接触电路，或者在开始学习初步阶段的读者为对象。感谢大家的支持，现在有了第2版。再版中丰富了三相交流电的知识，使本书的内容更加充实。只要具备中学时所学的知识，就可以轻松地进行阅读，请大家放心，根据需要我还会对本书的内容进行补充。

因为电是我们肉眼看不到的、抽象的，所以通常被认为比较难理解。但是电是客观存在的，它不会察言观色，只遵循一定的规律。只要掌握这些规律，就可以使它更好更方便地服务于人类。

无论对于我这个掌握电学知识的老师来说，还是对一个对电学一无所知的婴儿来说，电的表现形式其实是一样的。例如，如果我用遥控器打开电视机，婴儿也用遥控器打开了电视机，打开电视机的机制是完全一样的。换句话说，如果理解了电是如何工作的，也就是原理，我们就可以按照自己的想法来操纵它！

市面上有很多人际关系方面的书，这些书中肯定不会像电学理论一样，总结出一套符合人类行为机制的规律。这是因为每个人的情况都各不相同。

然而，对于电，不会有任何例外的情况发生。根据它的内在的规律，我们可以很好地控制和利用它，从这点上看，电是非常理想的伴侣。

对于个人而言，我不知道电是不是理想的伴侣，但对于全人类来说，电一定是我们理想的伴侣。因为你现在的生活都是建立在"电"的基础上的，没有电，就不会有现代化的生活。人类享受电的恩惠已超100年了。这也许是对能掌握其原理并能操纵它的人类的一种奖赏吧。

怎么样？我试着写了一些比较宏大的故事，希望能激发你们的学习欲望。

接下来，我将作为你们电路学习的向导，这段旅途有时会很崎岖，有时会有暴风雨。我不确定这样的困难是否是由于我的解释不到位造成的，但是要了解肉眼看不见的电，这是一条你必须要走的崎岖道路。虽然面对的是一条崎岖的道路，但是我希望把它变成一段愉快的旅程，所以如果你愿意，那就开启我们的旅程吧！

山下明

2017年1月

目录

本书将各项目的难易程度分为5个等级。作者依个人观点划分，仅供读者参考。

第 **1** 章

电路的基础

一起做好开始旅行的准备吧！

1-1 ▶ 电为何物

? ▶【电气】
电是由带电荷的粒子构成的。 电荷有正电荷与负电荷之分。

突然出现一种莫名其妙的表示方式，"一粒一粒"。那我们就先用粒子来表示吧。这些粒子是如何形成的呢？为什么这些粒子从不带电直到出现有正电和负电之分呢？通常粒子中的正电与负电是相互抵消的，所以看上去好像什么都没有，但如果用毛巾揉揉头发的话，带正电的粒子和带负电的粒子就从什么都没有的地方分离出来了，如图 1.1 所示。这个时候，由于带电的粒子不能频繁移动，所以在毛巾和头发上产生了电，这种带电被我们称为"静电"。另外，如果使用电池或电源来驱动这些带电的粒子，那就是"动电"，或者简称为"电"。

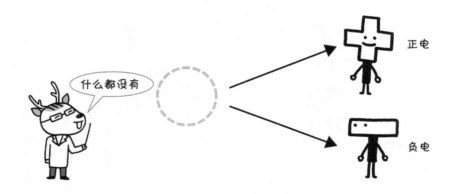

图 1.1　**看上去好像什么都没有，其实潜伏着正电和负电**

在这里我们介绍一下正电和负电的性格特点。属性相同的电不喜欢在一起，如果彼此属性不同，就会产生好感。确切地说，相同属性的电与电之间相互排斥，属性不同的电与电之间相互吸引，如图 1.2 所示。

正电间：排斥　　　　　负电间：排斥　　　　正电与负电间：吸引

图 1.2　正电和负电间的好恶

▶【电荷】
带正电和带负电的粒子被称为电荷。

由于这些粒子具有把「电」当成像「行李」一样搬运的能力，所以我们就把这些带电的粒子称之为电荷。

我们把代表电荷大小的单位写成 C，叫作库仑。但是，如何定义 1C 到底有多少呢？这有些困难，我们将在稍后的章节中介绍。

一种被称为电子的东西一直都携带着电荷。电子非常非常小，并且只带着负电荷负重前行。每个电子所携带的电荷量为 -1.602×10^{-19}C，这是非常小的电荷量。这个数字有多小，看 1-2 节就明白了。直接用数字写出来，就是 −0.0000000000000000001602C，小数点后有 18 个 0。

问题 1-1　请列举一些带有"气"的熟语。请注意它经常表示一些眼睛看不见的东西。

问题 1-2　如果有 3 个电子，那总电荷是多少呢？

答案在 P182

1-2 ▶ 电的表示方法：前缀

如何来表示"电"，这需要用到"数学"。为什么这么说呢，古希腊伟大的毕达哥拉斯老师（约公元前 582 年～公元前 496 年）曾说过这样的话。

「万物皆为数」

为此，处理有关"电"的问题时，我们就需要用到"无所不能"的数学这个工具了。

如何在电学中表示「非常大的量」和「非常小的量」呢？例如：在上页中，一个电子带有 −0.0000000000000000001602C 的电荷，这是非常小的量。如果把这些一一用数字直接写出来是非常麻烦的。

因此，我们改为如表 1.1 所示的指数来表示。这张表的第 1 列看上去很杂乱，不是吗？但是，第 2 列看上去就顺畅很多了！一个电子的电荷可以如下等价表示为

$$-0.0000000000000000001602\,C = -1.602 \times 10^{-19}\,C$$

这样的表示就显得非常简洁了，但是，还有一种更加简洁的写法，那就是用"前缀"的表示。查看表 1.1 的第 3 列的表示，每 3 位用一个字母符号表示（从 1000 到 0.001 用一个前缀字母）。这样一来，一个电子所带的电荷就可以表示为

$$-1.602 \times 10^{-19}\,C = -1.602 \times 10^{-1} \times 10^{-18}\,C = -0.1602\,aC$$

更加简洁明了。

▶【前缀】

前缀字母用来表示非常大或者非常小的数时十分方便。

 试着使用适当的前缀来表示下面的重量。

（1）0.0001 g　（2）100000 g　（3）3.5×10^3 g　（4）3.5×10^4 g

答案在 P.182

表 1.1 数的表示方法（像阶梯一样）

用数字直接写下来	指数表示	前缀
1 0 0 0 0 0 0 0 0 0 0 0 0 0 0 0 0 0 0	10^{18}	E
1 0 0 0 0 0 0 0 0 0 0 0 0 0 0 0 0 0	10^{17}	
1 0 0 0 0 0 0 0 0 0 0 0 0 0 0 0 0	10^{16}	
1 0 0 0 0 0 0 0 0 0 0 0 0 0 0 0	10^{15}	P
1 0 0 0 0 0 0 0 0 0 0 0 0 0 0	10^{14}	
1 0 0 0 0 0 0 0 0 0 0 0 0 0	10^{13}	
1 0 0 0 0 0 0 0 0 0 0 0 0	10^{12}	T
1 0 0 0 0 0 0 0 0 0 0 0	10^{11}	
1 0 0 0 0 0 0 0 0 0 0	10^{10}	
1 0 0 0 0 0 0 0 0 0	10^{9}	G
1 0 0 0 0 0 0 0 0	10^{8}	
1 0 0 0 0 0 0 0	10^{7}	
1 0 0 0 0 0 0	10^{6}	M
1 0 0 0 0 0	10^{5}	
1 0 0 0 0	10^{4}	
1 0 0 0	10^{3}	k
1 0 0	10^{2}	h
1 0	10^{1}	da
1	10^{0}	
0 . 1	10^{-1}	d
0 . 0 1	10^{-2}	c
0 . 0 0 1	10^{-3}	m
0 . 0 0 0 1	10^{-4}	
0 . 0 0 0 0 1	10^{-5}	
0 . 0 0 0 0 0 1	10^{-6}	μ
0 . 0 0 0 0 0 0 1	10^{-7}	
0 . 0 0 0 0 0 0 0 1	10^{-8}	
0 . 0 0 0 0 0 0 0 0 1	10^{-9}	n
0 . 0 0 0 0 0 0 0 0 0 1	10^{-10}	
0 . 0 0 0 0 0 0 0 0 0 0 1	10^{-11}	
0 . 0 0 0 0 0 0 0 0 0 0 0 1	10^{-12}	p
0 . 0 0 0 0 0 0 0 0 0 0 0 0 1	10^{-13}	
0 . 0 0 0 0 0 0 0 0 0 0 0 0 0 1	10^{-14}	
0 . 0 0 0 0 0 0 0 0 0 0 0 0 0 0 1	10^{-15}	f
0 . 0 0 0 0 0 0 0 0 0 0 0 0 0 0 0 1	10^{-16}	
0 . 0 0 0 0 0 0 0 0 0 0 0 0 0 0 0 0 1	10^{-17}	
0 . 0 0 0 0 0 0 0 0 0 0 0 0 0 0 0 0 0 1	10^{-18}	a

1 电路的基础

2 热充电路

3 电磁学

4 交流电路

5 电气测量

6 整流器交流

1-3 ▶ 电流指的是什么

「电」的「流动」，就叫作电流。电流的本质是表示每 1s 内电荷流动的量，它的单位是 A（安培）。

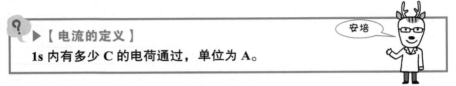

▶【**电流的定义**】

1s 内有多少 C 的电荷通过，单位为 A。

例如，请注意图 1.3 中带有颜色的部分。假设在开始时，带颜色位置的左侧有 3 个带 +1C 的电荷，这时合计 3C 的电荷向右侧移动。假设 1s 后，它们都通过了带有颜色的位置，这时，就可以说电流从左向右流动了 3A。

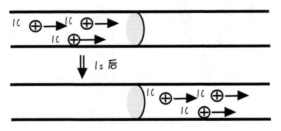

图 1.3 **这里的电流为 3A**

那么，如果 $Q(C)$ 的电荷在 ts 内移动，那么这里我们就试着用公式来表示下电流 $I(A)$ 吧！根据电流的定义，电流与移动的电荷成正比，与所需的时间成反比。

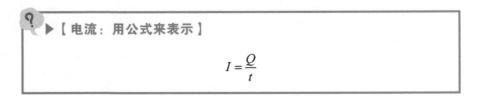

▶【**电流：用公式来表示**】

$$I = \frac{Q}{t}$$

● 例　　　**当 10C 的电荷移动了 2s 时，流过的电流是多少呢？**

答　 $I = \dfrac{Q}{t} = \dfrac{10}{2}\mathrm{A} = 5\mathrm{A}$

问题 1-4　3C 的电荷在 0.5s 内移动时，此时流过的电流是多少？

问题 1-5　0.1A 的电流流经 20s，会移动多少 C 的电荷呢？

答案在 P.182

　　接下来，我们来考虑电子的运动方向和电流的流动方向之间的关系。电子携带的是负电荷。也就是说，电子运动的方向和电流流动的方向相反。

　　可能很难想象吧。这里我们稍微详细说明一下。从哲学的角度来看，电子要想往右移动，就必须让电子进入右侧空位。如图 1.4 所示，当电子向右移动时，相反地这个空位就会向左移动。电流的方向被定义为正电荷移动的方向，这个空位就代表了正电荷，也就是说这个空位向左移动，就等价于正电荷相对向左移动。这个空位的移动方向与电流的流动方向是一致的。

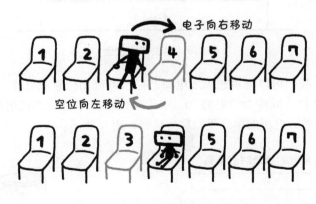

图 1.4　**电子向右移，空位向左移**

? ▶【**电子的运动方向与电流的方向**】
电子的运动方向与电流的方向是相反的。

1 电路的基础

2 直流电路

3 电磁学

4 交流回路

5 电与测绘

6 非正弦交流 瞬态现象

1-4 ▶ 电位、电压指的是什么

　　请观察图 1.5。将水装入 U 形的管子。然后，假设左侧的水位比右侧的水位高。这样的话，不难想象水就会从左往右流。

　　这里，高水位和低水位的差，就是水位差。想象下如果这个水位差变大的话，水的流动会加剧吗？是的，水的流动会随着水位差的增加而加剧。

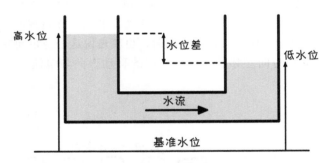

图 1.5　水位与水位差

　　这时，我们可以把水想象成电荷，把水的流动想象成电流。此外，水位好比是电位（或称为"电势"），水位差也就成了电位差或电压。另外，电位、电位差、电压的单位我们称为伏特，用 V 表示。

表 1.2　水与电气的想象对应关系

水	电荷
水流	电流
水位	电位（电势）
水位差	电位差、电压

图 1.6　电池的正极与负极

1

电路的基础

2

直流电路

3

电磁学

4

交流电路

5

电气测量

6

非正弦交流·瞬态现象·

　　如果电位之间存在差异，就会产生电位差、电压，这就能使电荷移动。电压间也有正极和负极之分，电位高的一方称为正极，电位低的一方称为负极。以图 1.6 的电池为例，突出的一方为正极，扁平的一方为负极。常见的 3 号电池，正极与负极间会产生 1.5V 的电压差。

　　让我们进一步加深对电位与电位差、电压的理解吧。如图 1.7 所示，连接了 2 个 1.5V 的 3 号电池。此时，以①位置的电位为基准电位，设为 0V。此时，②位置的电位为 1.5 V，③位置的电位就变为 3V。

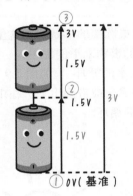

电位		电位差、电压	
①	0V	①②间	1.5V
②	1.5V	②③间	1.5V
③	3V	①③间	3V

图 1.7　电位和电位差、电压

　　水和电荷不同的是，电荷存在有正电荷和负电荷之分。电位差、电压是如何驱使电荷移动的，我们用图 1.8 来说明。相同极性电荷互相排斥，不同极性的电荷互相吸引。这就使正电荷被吸引到负极，而负电荷被吸引到正极。

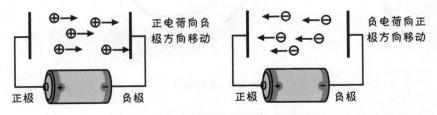

图 1.8　电位差、电压使电荷移动

　　▶【电位差、电压的作用】
　　电位差、 电压具有驱动电荷移动的力。

1-5 ▶ 电路指的是什么

▶【电路】

构成电荷循环的回路。

回路就如同循环的「环」一样，通常被画成圆圈的形状。在这里，我将电气的回路也就是电路用稍微与其有些不同的事物来举例说明。

在不断循环的事物或现象中，有一种叫「水的循环」。如图 1.9 所示，海洋的水被从太阳照射下来的热量所蒸发，变成云被带到山上。在山上化为雨，经过河流又回到海里。这一连串就是水的循环。

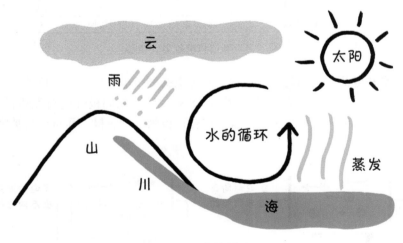

图 1.9　**水的循环**

电路和这水的循环非常相似。如表 1.3 所示，太阳被比喻成电池，水流被比喻成电流。水本身对应着携带电流的电荷。此外，山的坡度与电位差或电压相对应。并且，作为水流通道的河流，其宽窄决定了水的流动趋势，这在电路中与电阻相互对应。单位为欧姆，使用希腊文字的符号"Ω"来表示。

表 1.3　**水的循环与电路的对应关系**

太阳	电池
水的流动	电流
水	电荷
河流的宽度	电气电阻、电阻
山的坡度	电位差、电压

　　河流是由水的流动所产生的，而在电路中，电荷的移动则形成了电流。导电能力强的金属中含有大量的带负电荷的电子。因为电子可以自由移动，所以被称为自由电子。这里我们试着使用电池来驱动金属中的自由电子。

　　如图 1.10 所示，我们可以很清楚地看到电子从负极出发，通过电阻，再进入正极。

　　那么电流的方向会是怎样的呢？由于电流的方向与电子流动的方向相反，所以电流是从正极出发进入负极。在图 1.10 中，粗线箭头代表了电流的方向。

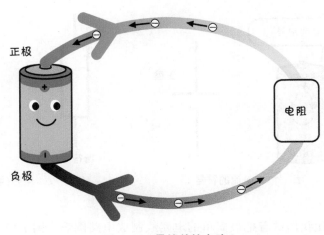

图 1.10　**最简单的电路**

1-6 ▶ 电路图的绘制方法

▶【电路图】
轻松地描绘电气回路。

　　到目前为止，为了表示电气回路，我们都绘制了实物布线图。但是，在接下来电气的学习过程中，会反复绘制电气回路图，如果大量使用实物布线图，那将非常繁琐。因此，为了使电气回路图能够简洁易懂地被表示在纸面上，这里我们就要用到电路图。

　　首先，电池如图1.11中所描绘的那样，横线长的代表正极，短的代表负极。接着，电阻的符号如图1.12所示。以前使用的是右侧的锯条形符号，最近使用的是左侧的方形符号。本书虽然使用了新的符号，但也有书籍习惯性地使用锯条形符号，在此说明一下。

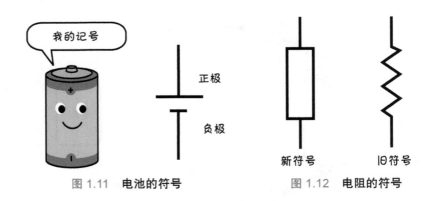

图 1.11　**电池的符号**　　　　图 1.12　**电阻的符号**

　　现在让我们试着把最简单的电路绘制成电路图吧。图1.13的左侧是实体的布线图，如果用电路图来表示的话，如右侧的图形所示，其中电流的流动方向用箭头来表示。请试着手绘这两张图，哪张图画起来会比较轻松呢？

1

电路的基础

2

直流电路

3

电磁学

4

交流电路

5

电气测量

6

非正弦交流·瞬态现象

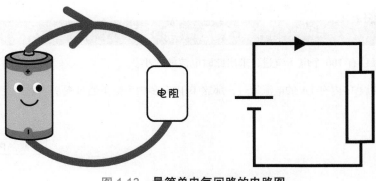

图 1.13　最简单电气回路的电路图

接下来，我们来说明下连接这些部件的电线的画法。复杂的电路图会有电线交叉的情况。此时，电线是连接的还是不连接，我们可以通过图 1.14 中的标记来确定。

如果电线的交叉处没有实心黑点●就表示没有连接；如果交叉处存在实心黑点●就代表有连接。

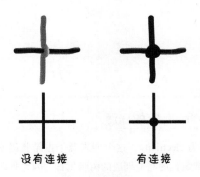

没有连接　　　　　有连接

图 1.14　电线的交叉

问题 1-6　请用电路图来绘制以下两个实物布线图。

答案在 P.182

13

第 1 章　练习题

[1]　每秒有 100 个电子流过，求出此时电流的大小。

[2]　假设 1s 内有 1A 的电流流过，那这 1s 内有多少个电子通过呢？

答案在 P.182

COLUMN　"electricity" 的词源

　　电气在英语里写为 electricity，这个词来源于古希腊语 ηλεκτρομ。它的原意是「琥珀」，也就是红色或黄色的晶莹剔透的树脂化石。因为非常漂亮，所以早在 2000 年前的希腊人就用布来擦拭琥珀。这样一来，其实就产生了静电，轻的线头之类的东西就会粘在一起，这在当时让人感到非常吃惊吧。

　　到了 16 世纪后半叶，英国的吉尔伯特先生发现玻璃和硫磺石也能产生同样的效果。这种现象在拉丁语中被称为 electrica。这就是 electricity 这一词语的来历。

噢，电子！

第2章

直流电路

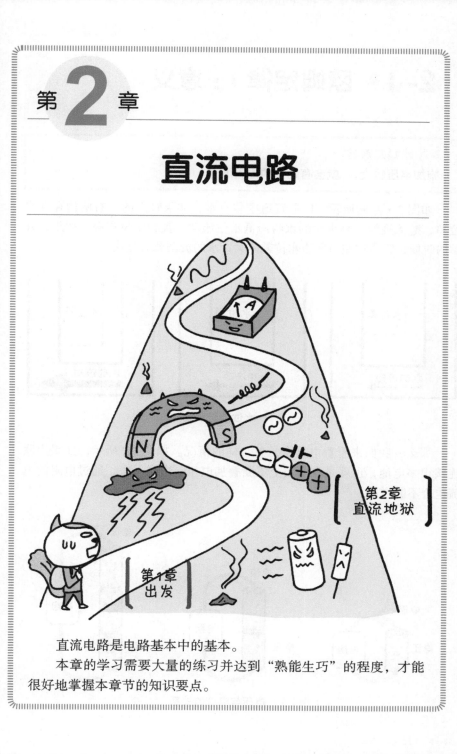

第2章
直流地狱

第1章
出发

直流电路是电路基本中的基本。

本章的学习需要大量的练习并达到"熟能生巧"的程度，才能很好地掌握本章节的知识要点。

2-1 ▶ 欧姆定律 1：意义

▶【欧姆定律其一】

施加电压越大，就会有越多的电流流过。

如图 2.1 左侧所示，U 形管道中装有水，如果管道的左右两边存在水位差，毫无疑问，高水位的水将向低水位流动，直到水位相等。如果，开始的时候，管道的左右两边水位差越大，水的流动就会越快。

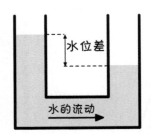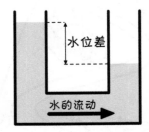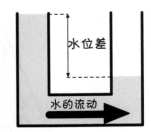

图 2.1 **水位差与水流**

那么，我们来看看电路会是怎么样的情况。如图 2.2 所示，如果串联连接很多电池，也就是在电阻上不断叠加电压。这样一来，通过电阻的电流也会不断增加。

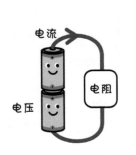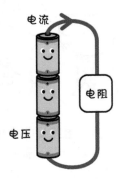

图 2.2 **电压与电流的关系**

▶【欧姆定律其二】

电阻越大，电流越小。

再次以水的循环为例来说明吧。图 2.3 中描绘了一组水循环，左侧图是一条较宽的河流，右侧图是一条较窄的河流。像左边这样较宽的河流，水的流动就比较容易，而右边的较窄的河流，水很难流动。如果河流分为几条分支的话，可以根据河流宽窄来分配分支的水量。

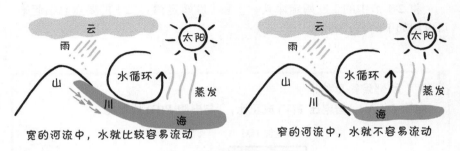

图 2.3　河流的宽窄与水流

那么，让我们从电路的角度出发来思考下吧。如图 2.4 所示，左边的是小电阻，右边的是大电阻。在这张图中，如果电阻小，电流的流动也会相对容易，电阻大的话电流不容易流动。想象一下与水循环现象的对应，或许更容易理解。

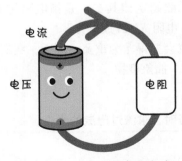
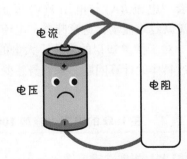

（左）电阻小，电流就容易流动　　　（右）电阻大，电流就不容易流动

图 2.4　电阻与电流的关系

2-2 ▶ 欧姆定律 2：计算 1

在 2-1 节，我们掌握了欧姆定律的意义后，接下来我们就来看看欧姆定律是如何计算的。是的，如果能计算出具体量并理解其中的含义，我们就可以说对电路的理解更深一步了。

将 2-1 节中的「欧姆定律其一」和「欧姆定律其二」的要点总结起来，可以用如下的公式表示。

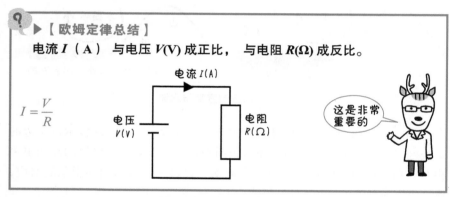

▶【欧姆定律总结】

电流 I（A）与电压 V(V) 成正比，与电阻 $R(\Omega)$ 成反比。

$$I = \frac{V}{R}$$

这是非常重要的

「欧姆定律其一」是指施加的电压越高，就会有越多电流流动，这意味着"电流 I(A) 与电压 V(V) 成正比"。「欧姆定律其二」是指电阻越大，电流就越难流动，这意味着"电流 I(A) 与电阻 $R(\Omega)$ 成反比"。

对于抽象知识的掌握，大量的练习就会显得尤为重要。那么，我们就通过具体的计算问题，来切身感受电量这一抽象事物。

● 例 1　**在 10Ω 的电阻上施加 100V 电压时，求流过电流的大小。**

答 1　根据欧姆定律，$I = \dfrac{V}{R} = \dfrac{100}{10} A = 10A$

接下来，数值前会加上前缀字母，以便于表示计算结果。如果分子中有前缀，数值就可以直接计算出来，然后在答案中加上前缀即可。

● 例2　**在 2Ω 的电阻上施加 10kV 的电压时，求电流的大小。**

答2　根据欧姆定律，$I = \dfrac{V}{R} = \dfrac{10 \times 10^3}{2} \mathrm{A} = 5 \times 10^3 \mathrm{A} = 5\mathrm{kA}$

如果利用前缀来进行解答的话，就会变成这样。

$$I = \dfrac{V}{R} = \dfrac{10\mathrm{k}}{2} \mathrm{A} = 5\mathrm{kA}$$ ◁── 非常方便且简洁

如果分母有前缀，就把指数部分的负数替换后的前缀加到答案上。

● 例3　**在 2kΩ 的电阻上施加 10V 的电压时，求电流的大小。**

答3　根据欧姆定律，$I = \dfrac{V}{R} = \dfrac{10}{2 \times 10^3} \mathrm{A} = 5 \times 10^{-3} \mathrm{A} = 5\mathrm{mA}$

如果利用前缀来进行解答的话，就会变成这样。

$$I = \dfrac{V}{R} = \dfrac{10}{2\mathrm{k}} \mathrm{A} = 5\mathrm{mA}$$ ◁── 非常方便且简洁

让我们利用前缀来做一个稍微复杂些的计算。计算的诀窍是数字的计算和指数部分的计算分开进行。

● 例4　**在 2kΩ 的电阻上施加 10V 的电压时，求电流的大小。**

答4　根据欧姆定律，$I = \dfrac{V}{R} = \dfrac{2 \times 10^3}{0.2 \times 10^6} \mathrm{A} = \dfrac{2}{0.2} \times 10^{3-6} \mathrm{A}$

$$= 10 \times 10^{-3} \mathrm{A} = 10\mathrm{mA}$$

问题2-1　100Ω 的电阻施加 10V 的电压时，求这时通过电阻的电流的大小。

问题2-2　10kΩ 的电阻施加 2V 的电压时，求这时通过电阻的电流的大小。

答案在 P.183

1 电路的基础

2 直流电路

3 电磁学

4 交流电路

5 电气测量

6 非正弦交流・瞬态现象

19

2-3 ▶ 欧姆定律 3：计算 2

在 2-2 节中，我们通过练习熟悉了欧姆定律的一些基础计算，在此章节中，我们将对欧姆定律的计算问题稍作升华。

2-2 节中的计算问题是根据电压和电阻的值求出电流。但是，对 $I\dfrac{V}{R}$ 这个公式还可以从另外两个视角来进行分析。

▶【欧姆定律 3 个不同的视角】

[1] 电流 I（A） 与电压 V（V） 成正比， 与电阻 R（Ω） 成反比。

[2] 电压 V（V） 与电流 I（A） 和电阻 R（Ω） 的乘积成正比。

[3] 电阻 R（Ω） 与电压 V（V） 成正比， 与电流 I（A） 成反比。

$$[1]\ I = \frac{V}{R} \qquad [2]\ V = IR \qquad [3]\ R = \frac{V}{I}$$

那么，让我们试着推导出公式 [2] 和 [3]。

★推导公式 [2]

根据 [1] 式，

$$I = \frac{V}{R}$$

两边同乘以 R，

$$I \cdot R = \frac{V}{R} \cdot R$$

这样，式中右边的 R 将被消除，

$$I \cdot R = \frac{V}{\cancel{R}} \cdot \cancel{R}$$

原式就变化为

$$I \cdot R = V$$

互换方程式的左右两边，

$$V = I \cdot R \quad [2]$$

★推导公式 [3]

根据 [2] 式

$$V = I \cdot R$$

两边同除 I，

$$\frac{V}{I} = \frac{I \cdot R}{I}$$

这样，式中右边的 I 将被消除，

$$\frac{V}{I} = \frac{\cancel{I} \cdot R}{\cancel{I}}$$

原式就变化为

$$\frac{V}{I} = R$$

互换方程式的左右两边，

$$R = \frac{V}{I} \quad [3]$$

接下来让我们再通过些例题来掌握上述要点吧。

1
电路的基础

2
直流电路

3
电磁学

4
交流回路

5
电气元件

6
非正弦交流现象

● 例 1　**当 2A 的电流流过 10Ω 的电阻时，求电阻两端的电压。**

答 1　根据 [2] 式，$V = IR = 2 \times 10V = 20V$

● 例 2　**在某个电阻上加上 10V 的电压，这时有 2A 的电流流过。求出此时的这个电阻的电阻值。**

答 2　根据 [3] 式，$R = \dfrac{V}{I} = \dfrac{10}{2}\Omega = 5\Omega$

　　列举了一些简单的例题，计算过程中即使有利用到前缀，但解题思路还是相同的。下面还有很多练习问题，提供给大家练习，请大家通过大量练习，抓住要点。

问题 2-3　当 100Ω 的电阻上有 50mA 的电流通过时，求此时电阻两端的电压。

问题 2-4　当 5kΩ 的电阻上有 1mA 的电流通过时，求此时电阻两端的电压。

问题 2-5　在 100kΩ 的电阻上有 1μA 的电流通过时，求此时电阻两端的电压。

问题 2-6　当 1MΩ 的电阻上有 0.1μA 的电流通过时，求此时电阻两端的电压。

问题 2-7　在某个电阻上施加 1V 的电压时，此时有 2mA 的电流通过。求该电阻的电阻值。

问题 2-8　在某个电阻上施加 50mV 的电压时，此时有 2mA 的电流通过。求该电阻的电阻值。

问题 2-9　在某个电阻上施加 10V 的电压时，此时有 50μA 的电流通过。求该电阻的电阻值。

问题 2-10　在某个电阻上施加 100V 的电压时，此时有 10μA 的电流通过。求该电阻的电阻值。

> 总之需要大量的练习

答案在 P.183

21

2-4 ▶ 欧姆定律 4：深拓展

如果用 5 个等级来对难度进行评价的话，该节的内容应属于难度等级最高的范畴了，我们可以暂时先跳过此节的学习。

一般的电路入门书，大多会毫无保留地给出欧姆定律的说明。但是都没有说明为什么欧姆定律能够成立。顺便说一下，即使完全没有这样的说明，电路上所涉及的问题也能在一定程度上得到解决。但是，我们还是决定把这节的内容独立出来，因为这里说明的内容难度接近于大学、研究生课程的专业水平，所以即使现在理解不了也不必担心。但是，对于今后将以电气工程类为专业的读者来说，此节可先作为先行铺垫内容来进行学习。

图 2.5 展示的是对金属导体施加电压时，金属内电子的运动。金属中的原子大多以离子态的形式存在着，而且原子的质量比电子大很多，所以基本认为原子是静止不动的。由于电压的存在，电子会被吸引到正极。也就是说，在电压的作用下，电子会产生向右拉的力。

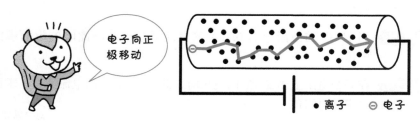

图 2.5　**金属导体中电子的运动**

这样一来，电子就会被不断加速，运动速度也会不断提升。但是，由于电子会不断地与金属中的离子碰撞⊖。为此，我们可以认为电子的速度会稳定在某个特定的水平。也就是说，这时电流的流动是恒定的。这与降落伞下落时如果空气阻力和重力达到平衡，使下落速度稳定在一定水平是一样的道理（见图 2.6、图 2.7）。

⊖　更准确地说，不是电子与离子的碰撞，而是离子和电子之间会产生排斥力或者吸引力，这种力会使电子向不同的方向移动。这个现象叫作电子散射，可想象如右图所示。

电气电阻

空气阻力

重力

图 2.6　金属导体中由电压所产生的力和电阻　图 2.7　降落伞的重力和空气阻力

电压越大，作用于电子的力就越大，电压越小，作用于电子的力就越小。根据作用于电子上力的大小，电子最终的速度（稳定速度）也会不同。作用于电子上的力越大，电子的最终稳定速度也就会越大，力越小，电子的稳定速度也会越小。也就是说，电流会随着电压的变化而变化。

将上述的物理现象公式化，这就是欧姆定律。让我们来更准确地推导欧姆定律吧。l 作为导体的长度，$E = \dfrac{V}{l}$，这里的 E 称之为电场，对于 $-e$ 电荷，会产生 $-e\dfrac{V}{l}$ 大小的力。对于电子散射时的作用力与电子的速度成正比，用 $-\dfrac{m}{\tau}v$ 来表示，这里 m 是电子的质量，τ 为缓和时间。那么，代入到牛顿定律的运动方程式（质量 × 加速度 = 力），就会有下面的方程式。

$$m\frac{\mathrm{d}v}{\mathrm{d}t} = -\frac{m}{\tau}v - e\frac{V}{l}$$

当速度恒定，即 $\dfrac{\mathrm{d}v}{\mathrm{d}t} = 0$，由上式导出 $v = -\dfrac{eV\tau}{ml}$。这也就是电子的稳定速度。这里，如果假设每单位长度的金属中有 n 个电子的话，1s 内会有 $-nev$ 的电荷流动。也就是说，这时电流 I 的大小为

$$I = -nev = -ne \cdot \left(-\frac{eV\tau}{ml}\right) = \frac{ne^2\tau}{ml}V$$

上式中，如果 $R = \dfrac{ml}{ne^2\tau}$，我们将得到 $V = IR$ 这个关系式。由于 R 全部是由常数来表示的，所以就可以知道是金属的电阻值为一常数。也就是说，R 是联系电压和电流的比例常数。这种从微观的角度来推导出欧姆定律的理论称为 Drude 理论，该理论是理解金属性质的基础理论。

1 电路的基础
2 直流电路
3 电磁学
4 交流电路
5 电气测量
6 非正弦交流

2-5 ▶ 电阻的连接 1：串联连接

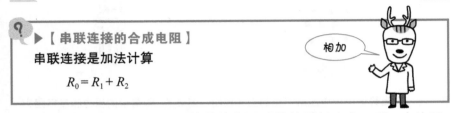

▶【串联连接的合成电阻】

串联连接是加法计算

$$R_0 = R_1 + R_2$$

相加

如图 2.8 所示，串联连接就是将电阻元件首尾相连为一列。在这里，我们来了解一下如果将电阻串联起来会怎么样。

排成一列！这就是串联连接

图 2.8　**串联连接**

首先观察图 2.9 左侧串联连接的电路图。电阻 $R_1(\Omega)$ 和 $R_2(\Omega)$ 的电阻是串联的。请注意这里通过电阻 $R_1(\Omega)$ 和 $R_2(\Omega)$ 的电流 $I(A)$ 是相同的，根据欧姆定律，

$$V_1 = IR_1 、 V_2 = IR_2$$

电源的电压 $V(V)$ 是施加在电阻 $R_1(\Omega)$ 和 $R_2(\Omega)$ 上电压 $V_1(\Omega)$ 和 $V_2(V)$ 的总和，可表示为

$$V = V_1 + V_2 = IR_1 + IR_2 = I(R_1 + R_2)$$

这里，如果将 R_0 表示为

$$R_0 = R_1 + R_2，V 表示为 V = IR_0$$

24　2-5 ▶ 电阻的连接 1：串联连接

1 电路的基础

2 直流电路

3 电磁学

4 交流电路

5 电气测量

6 非正弦交流
谐波现象

最后得到的公式可以看作是电阻 $R_0(\Omega)$ 上施加有电压 $V(V)$，这时电路中有电流 $I(A)$ 通过。也就是说，即使我们将图 2.9 中电阻 $R_1(\Omega)$ 和 $R_2(\Omega)$ 用 $R_0 = R_1 + R_2$ 来表示，在电源 $V(V)$ 下，图 2.9 的左右电路图中通过的电流 $I(A)$ 也是相同的。我们就可以认为图 2.9 的左右两侧的电路图是等价的。像这样，把几个串联的电阻用一个等价的电阻表示时，这个等价的电阻就被称为合成电阻。

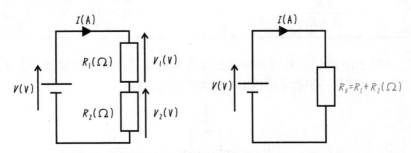

图 2.9　电阻的串联连接（左：串联连接，右：等价合成）

● 例 1　**求电阻值为 3Ω 和 6Ω 的两个电阻串联连接时的合成电阻。**

答 1　$R_0 = R_1 + R_2 = 3\Omega + 6\Omega = 9\Omega$

● 例 2　**求电阻值为 3kΩ 和 6kΩ 的两个电阻串联连接时的合成电阻。**

答 2　$R_0 = R_1 + R_2 = 3k\Omega + 6k\Omega = 9k\Omega$

问题 2-11　求电阻值为 10Ω 和 100Ω 的两个电阻串联连接时的合成电阻。

问题 2-12　求电阻值为 2Ω 和 5Ω 的两个电阻串联连接时的合成电阻。

问题 2-13　有 100 个 2Ω 的电阻，如果想要使用 4Ω 的电阻时，该怎么办呢？

答案在 P.183 ~ P.184

2-6 ▶ 电阻的连接 2：并联连接

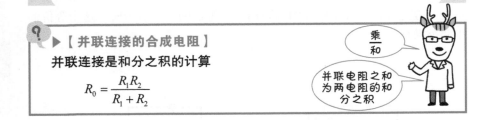

▶【并联连接的合成电阻】

并联连接是和分之积的计算

$$R_0 = \frac{R_1 R_2}{R_1 + R_2}$$

乘
和

并联电阻之和
为两电阻的和
分之积

如图 2.10 所示，并联连接就是将电阻等元器件两端连接在一起，这里，我们来了解一下如果将电阻并联起来会怎么样。

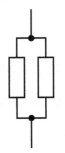

图 2.10　并联连接

首先观察图 2.11 左侧并联连接的电路图。请注意这里施加在电阻 $R_1(\Omega)$ 和 $R_2(\Omega)$ 上的电压 $V(\text{V})$ 是相同的，根据欧姆定律，

$$I_1 = \frac{V}{R_1} \text{、} I_2 = \frac{V}{R_2}$$

通过电阻 $R_1(\Omega)$ 和 $R_2(\Omega)$ 的电流 $I_1(\text{A})$ 和 $I_2(\text{A})$ 的总和，可表示为

$$I = I_1 + I_2 = \frac{V}{R_1} + \frac{V}{R_2} = V\left(\frac{1}{R_1} + \frac{1}{R_2}\right)$$

将方程式稍作变换，可表示为 $V = \dfrac{1}{\dfrac{1}{R_1} + \dfrac{1}{R_2}} I$。

这里，如果将 R_0 表示为 $R_0 = \dfrac{1}{\dfrac{1}{R_1} + \dfrac{1}{R_2}} = \dfrac{R_1 R_2}{R_1 + R_2}$，$V$ 就可表示为 $V = IR_0$。

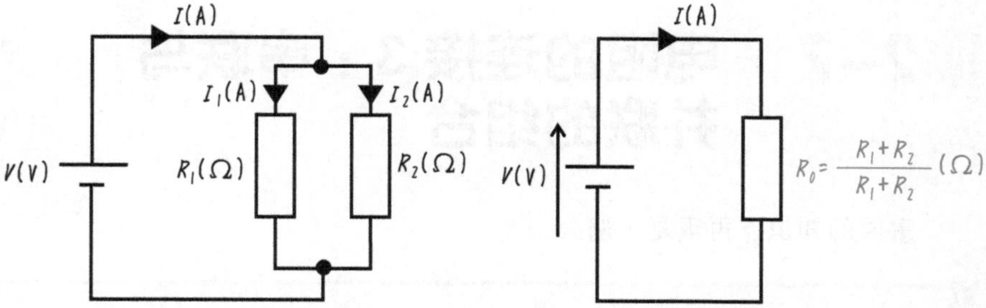

图 2.11　电阻的并联连接（左：并联连接，右：等价合成）

这里，对于 $\dfrac{1}{\dfrac{1}{R_1}+\dfrac{1}{R_2}}$ 变化为 $\dfrac{R_1 R_2}{R_1+R_2}$ 的过程稍作补充说明。将分母和分

子同乘以 $R_1 R_2$，也就是

$$\frac{1}{\dfrac{1}{R_1}+\dfrac{1}{R_2}}=\frac{R_1 R_2}{R_1 R_2\left(\dfrac{1}{R_1}+\dfrac{1}{R_2}\right)}$$

再将分母项展开，就会得到

$$\frac{R_1 R_2}{R_1 R_2 \dfrac{1}{R_1}+R_1 R_2 \dfrac{1}{R_2}}=\frac{R_1 R_2}{R_2+R_1}=\frac{R_1 R_2}{R_1+R_2}$$

● 例　　**求电阻值为 3Ω 和 6Ω 的两个电阻并联连接时的合成电阻。**

答　$R_0=\dfrac{R_1 R_2}{R_1+R_2}=\dfrac{3\times 6}{3+6}\,\Omega=2\Omega$

问题 2-14　求电阻值为 20Ω 和 30Ω 的两个电阻并联连接时的合成电阻。

问题 2-15　求电阻值为 3kΩ 和 6kΩ 的两个电阻并联连接时的合成电阻。

问题 2-16　求电阻值为 1kΩ 和 1.5kΩ 的两个电阻并联连接时的合成电阻。

问题 2-17　求电阻值为 1Ω 和 1kΩ 的两个电阻并联连接时的合成电阻。

问题 2-18　有 100 个 20Ω 的电阻，如果想要使用 10Ω 的电阻时，该怎么
办呢？

答案在 P.184

2-7 ▶ 电阻的连接 3：串联与并联的组合

重要的知识点再重复一遍。

> ❓ ▶【合成电阻（总结）】
> **串联是加法计算， 并联是分母相加分子相乘的计算**
>
> 串联 $R_0 = R_1 + R_2$ 并联 $R_0 = \dfrac{R_1 R_2}{R_1 + R_2}$

这里，我们试着求出串联连接和并联连接组合而成的电路中的合成电阻。基本上，只要分别找到串联或并联的部分，按顺序计算合成电阻，再简化电路就可以了。表 2.1 中有求 AB 两端间合成电阻的具体问题的说明，请慢慢学习。

表 2.1　**找出并联部分**

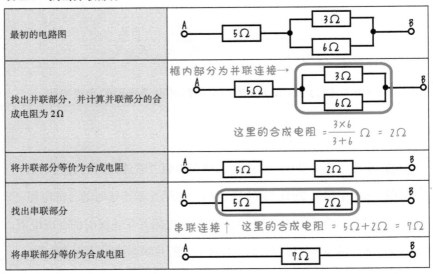

最初的电路图	
找出并联部分，并计算并联部分的合成电阻为 2Ω	框内部分为并联连接→ 这里的合成电阻 $=\dfrac{3\times6}{3+6}\ \Omega = 2\Omega$
将并联部分等价为合成电阻	
找出串联部分	串联连接↑ 这里的合成电阻 $= 5\Omega + 2\Omega = 7\Omega$
将串联部分等价为合成电阻	

就让我们这样持续练习，掌握计算合成电阻的感觉。

问题 2-19 求下图 AB 端间的合成电阻。

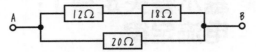

问题 2-20 求下图 AB 端间的合成电阻。

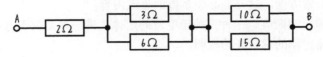

问题 2-21 求下图 AB 端间的合成电阻。

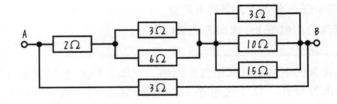

问题 2-22 求下图 AB 端间的合成电阻。然后再求出以下各值。

（1）I_1(A) （2）V_1(V) （3）V_2(V) （4）I_2(A) （5）I_3(A)

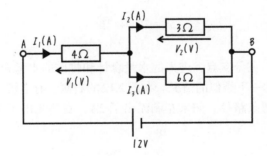

提示 应用欧姆定律对应每个电阻，依次求出未知的电流和电压。

答案在 P.184 ~ P.186

2-8 ▶ 基尔霍夫定律1：电流定律

　　基尔霍夫定律是电路学中最基本的定律。利用这个定律分析复杂的电路，将会非常方便。这是务必要掌握的重点内容。

　　该定律分为两类，一种是关于电流的定律；另一种是关于电压的定律。首先从电流定律的意义开始说明。

> **▶【基尔霍夫电流定律】**
> **在电路中任一节点上，下式都成立。**
> **[流进来的总电流]=[流出去的总电流]**

　　以水管为例来考虑到底是怎么回事。以图 2.12 的左侧有水管为例，下部由两段水管分开。分开的地方，左侧细，右侧粗。从上面加入 5L（升）的水，水将被分为两部分流出。然后，假设从左侧较细的一侧有 2L 的水流出来了，从右侧较粗的一侧假设有 3L 的水流出来了。于是，以下公式应该成立。

$$5L = 2L + 3L$$

　　也就是说，在分支点，进入的水量合计和排出的水量合计一致。接下来在电路上考虑一下类似的情况。在图 2.12 的右侧，有电流从上方流过来，在中途分支成两条路径。如果左侧流出了 2A，右侧流出了 3A，那么就可以表示为

$$5A = 2A + 3A$$

　　也就是说，在电路上的某一点上，输入的电流的总和等同于输出的电流的总和。这也就是基尔霍夫的电流定律。

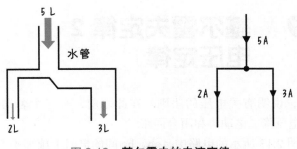

图 2.12　基尔霍夫的电流定律

让我们来看一个简单的例子。

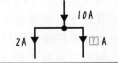

● 例 1　求右图的右侧 $?$ 处流过多少 A 的电流？

答 1　在节点●处，输入的总电流和输出的总电流因为是一样的，所以下面的方程式成立。

（输入的总电流）=10A、（输出的总电流）= 2A+ $?$ A（右侧电流）

可得到 10 = 2+ $?$ （右侧电流），这可求出：$?$ A（右侧电流）= 10A – 2A = 8A

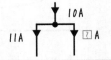

● 例 2　求右图的右侧 $?$ 流过多少 A 的电流？

答 2　和例 1 一样，以下方程式成立。

（输入的总电流）= 10A、（输出的总电流）= 11A + $?$ A

所以，根据 10 = 11 + $?$ ，求出 $?$ A = 10A – 11A = –1A。

　　什么！上面求出的是负电流吗？？？是的。如下图所示，负电流可以认为是反向的正电流哦。

1 电路的基础

2 直流电路

3 电阻器

4 交流电路

5 电学测量

6 非正弦交流·瞬态现象·

2-9 ▶ 基尔霍夫定律 2：电压定律

接下来，说明有关电压的法则。在此之前，有三个名词需要大家理解，分别是电压降、电动势和闭合回路。

假设在图 2.13 所示的电路中，ab、bc 间的电阻上施加了 $V_1(V)$、$V_2(V)$ 的电压。在该电路下面，以 c 点的电位为基准，用图表示了电位的变化。从图 2.13 下方的图可知道，朝向电流流动的方向，电位变得越来越低。因此，如 $V_1(V)$、$V_2(V)$ 那样电阻两端的电压被称为电压降。

在这里，就像电池的电压 $V(V)$ 那样，具有驱动电流流动的作用，为了与上述的电压降区别开来，我们将这种电压称为电动势。

另外，电路中至少可以画一个环。如图 2.13 中颜色所示，环绕一圈的循环称为闭合回路。

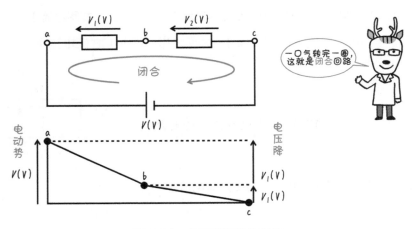

图 2.13　**电压降与闭合回路**

这里，闭合回路中存在有电动势和电压降这两种电压，但是下面的方程式是一定成立的。

$$V = V_1 + V_2$$

所以，一般情况我们可归纳出以下的电压定律：

> ▶【基尔霍夫电压定律】
> 对电路中的闭合回路，下式都成立。
> [电动势的总和] = [电压降的总和]

这就是基尔霍夫的电压定律，对电路中任何的闭合回路都成立。我们通过具体的例子应用来掌握基尔霍夫的电压定律。

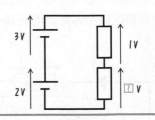

● 例 1　**求右侧电路 ? V 处的电压值。**

答 1　如果先将总电动势和总电压降分别求出，就有

(总电动势) = 3V + 2V=5V、**(总电压降)** = 1V + ? V

因为它们相等，根据

$$5 = 1 + ? \quad 求得 \quad ? \, V = 5V - 1V = 4V$$

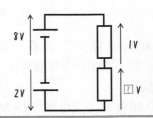

● 例 2　**求右侧电路 ? V 处的电压值。**

答 2　因为 2V 的电动势反向连接，因此在计算总电动势时必须设置为负值。

(总电动势) =8V − 2V=6V、**(总电压降)** =1V + ? V

根据 6 = 1 + ?，可求得 ? V = 6V − 1V = 5V。

1 电路的原理

2 直流电路

3 电磁学

4 交流回路

5 电气测量

6 非正弦交流及电现象

2-10 ▶ 基尔霍夫定律 3：计算

利用基尔霍夫定律，可以有效地解析图 2.14 所示的复杂电路。可以方便地得到电路中各处的电流和电压。

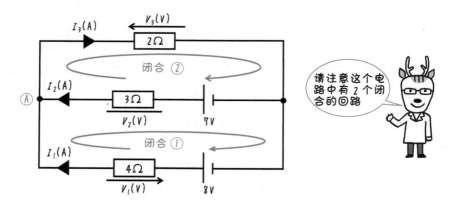

图 2.14　利用基尔霍夫定律解析电路

在该电路中，试着分别求出各电阻中流过的电流 I_1(A)、I_2(A)、I_3(A)。想要求出的未知数有 3 个，所以要建立 3 个方程式。首先分析闭路①和闭路②

闭路①：（总电动势）＝8V－7V＝1V

（总电压降）＝V_1＋$(-V_2)$

闭路②：（总电动势）＝7V

（总电压降）＝V_2＋V_3

所以，根据基尔霍夫的电压定律

闭路①：$V_1 - V_2 = 1V$ ；闭路②：$V_2 + V_3 = 7V$

再根据欧姆定律得到

$$V_1 = 4I_1 、 V_2 = 3I_2 、 V_3 = 2I_3$$

就有

$$闭路① : 4I_1 - 3I_2 = 1V ; 闭路② : 3I_2 + 2I_3 = 7V$$

这样我们就建立了两个方程式了。还有一个可以利用基尔霍夫的电流定律。请注意 Ⓐ 这个节点，输入的电流合计为 $I_1(A) + I_2(A)$、输出的电流合计为 $I_3(A)$。所以就得到

$$I_1 + I_2 = I_3$$

总结以上 3 个方程式：

$$4I_1 - 3I_2 = 1V \cdots （1）、 \quad 3I_2 + 2I_3 = 7V \cdots （2）、 \quad I_1 + I_2 = I_3 \cdots （3）$$

接着让我们联立求解这个方程式，求出 $I_1(A)$、$I_2(A)$、$I_3(A)$。求解的基本方针就是不断减少未知参数。要消掉 $I_3(A)$，需要将式（3）的 $(I_1 + I_2)$ 将代入式（2）的 $I_3(A)$ 中。于是

$$4I_1 - 3I_2 = 1V \cdots （1）、 \quad 3I_2 + 2(I_1 + I_2) = 7V \cdots （2）'$$
$$4I_1 - 3I_2 = 1V \cdots （1）、 \quad 3I_2 + 2I_1 + 2I_2 = 7V \cdots （2）''$$
$$4I_1 - 3I_2 = 1V \cdots （1）、 \quad 2I_1 + 5I_2 = 7V \cdots （2）'''$$

此时，方程组中的未知数变为 $I_1(A)$ 和 $I_2(A)$ 这两个，由方程式（1）和式（2）所组成。下面利用方程式的加减法来求解这两个方程式。为了消除 $I_2(A)$，我们让式（1）×5 + 式（2）×3，也就是：

$$
\begin{array}{rrrrl}
20I_1 & - & 15I_2 & = & 5 \quad \cdots 5 \times （1） \\
+) \ 6I_1 & + & 15I_2 & = & 21 \quad \cdots 3 \times （2）''' \\
\hline
26I_1 & & & = & 26 \quad \cdots 5 \times （1） + 3 \times （2）'''
\end{array}
$$

求得，$I_1 = 1A$。如果将该结果代入式（2），则为 $2\Omega \times 1A + 5I_2 = 7V$，求得 $I_2 = 1A$。最后，根据式（3），$I_3 = I_1 + I_2 = 1A + 1A = 2A$ 求出 I_3。

这样我们就求出电路中所有支路中的电流了。

1 电路的基础

2 直流电路

3 电磁学

4 交流电路

5 电气测量

6 非正弦交流 回路波形

2-11 ▶ 惠斯通电桥

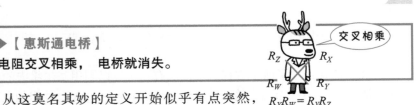

【惠斯通电桥】
电阻交叉相乘，电桥就消失。

交叉相乘

$R_X R_W = R_Y R_Z$

从这莫名其妙的定义开始似乎有点突然，但其内容也没什么大不了的。如图 2.15 左侧所示的电路称为惠斯通电桥电路。Ⓖ为检流计，是一种检测是否有电流通过的仪表。在图 2.15 的右侧，虽然描绘的是完全相同的电路，但是电阻横向平行排列，这样会更便于分析。

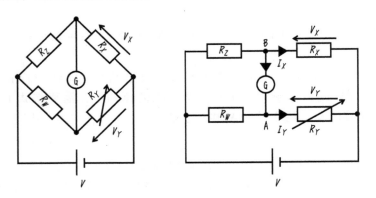

图 2.15　惠斯通电桥

调整可以自由选择阻值的可变电阻 $R_Y(\Omega)$（图 2.15 中的带箭头的电阻），使流经连接 AB 间的检流计 Ⓖ 的电流 $I_G(\mathrm{A})$ 变为零。当 $I_G(\mathrm{A})$ 变成零时，想想会发生什么事呢。首先，$I_G(\mathrm{A}) = 0\mathrm{A}$ 意味着点 A 和点 B 的电位相同，也就是说 $V_X = V_Y$。这样就得出

$$V_X = I_X R_X = \frac{V}{R_X + R_Z} R_X、\ V_Y = I_Y R_Y = \frac{V}{R_Y + R_W} R_Y$$

也就是 $\dfrac{V}{R_X + R_Z} R_X = \dfrac{V}{R_Y + R_W} R_Y$，让我们把这个方程式进行变形；两边除以 V

可得到 $\dfrac{R_X}{R_X + R_Z} = \dfrac{R_Y}{R_Y + R_W}$。再将方程式的两边再同乘以（$R_X+R_Z$）（$R_Y+R_W$），

$$（左）=（\cancel{R_X + R_Z}）（R_Y + R_W）\dfrac{R_X}{\cancel{R_X + R_Z}} = R_X（R_Y + R_W）$$

$$（右）=（R_X + R_Z）（\cancel{R_Y + R_W}）\dfrac{R_Y}{\cancel{R_Y + R_W}} = R_Y（R_X + R_Z）$$

将两边的括号打开，方程式就会变成 $R_X R_Y + R_X R_W = R_Y R_X + R_Y R_Z$，如果同时消去方程式两边的 $R_X R_Y$ 的话，可求得

$$R_X R_W = R_Y R_Z \cdots（*）$$

如果仔细观察方程式（*）并结合图 2.15 所示的电路的话，我们就会发现一个有趣的现象。当检流计 Ⓖ 为零的时候，图 2.15 电路中的电阻交叉计算的结果是相等的。

● 例 1　**在图 2.15 中设定 $\dfrac{R_Z}{R_W} = 100$。**

可变电阻 $R_Y = 2.5\Omega$ 时，检流计没发生振动。此时，求解未知的电阻 $R_X(\Omega)$。

答 1　$R_X = R_Y \dfrac{R_Z}{R_W} = 2.5\Omega \times 100 = 250\Omega$

　　如本例所示，惠斯通电桥电路经常用于求解未知电阻的阻值。相反，4 个电阻处于交叉相乘时，如果检流计中没有电流流过，也就可以等价于没有连接电桥的电路。这时即使把电桥的部分断开也没问题。

● 例 2　**通过下图计算 AB 间的合成电阻**

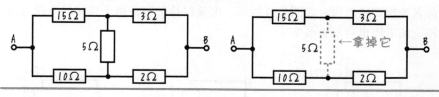

答 2　由于电阻交叉相乘（$3 \times 10 = 15 \times 2$）成立，所以可以利用惠斯通电桥原理，将电桥上的 5Ω 的电阻省略掉。所以，15Ω 和 3Ω 的串联合成电阻为 $15\Omega + 3\Omega = 18\Omega$。然后 10Ω 和 2Ω 的串联合成电阻为 $10\Omega + 2\Omega = 12\Omega$。最后将 18Ω 和 12Ω 的并联合成电阻为 $\dfrac{18 \times 12}{18 + 12}\Omega = 7.2\Omega$。

1 电路的基础

2 直流电路

3 电磁学

4 交流回路

5 电气测量

6 非正弦交流·瞬态现象

2-12 ▶ 恒定电压源、恒定电流源、电池

　　到目前为止，一直无意中使用的这个 ⊥ 记号，其实漏掉了对这个符号的一个准确的说明。在这里我们将对电源这方面的知识进行详细学习。

　　一直以来，人们都用习惯用「电池」、「电动势」、「电源」等不同的名词来称呼这个 ⊥ 记号。在这里给出其准确的叫法，那就是恒定电压源。就像字面的意思一样，它是一种可以一直保持电压恒定的电源。如图 2.16 所示，在保持一定电压的状态下，由于连接不同的电阻，电路中的电流也会发生变化。

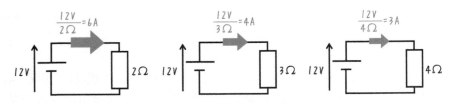

图 2.16　**恒定电压源：电压一定，电流发生变化**

　　那么有能让电流保持恒定的电源吗。是的，这样的电源正如其名，被命名为恒定电流源。如图 2.17 所示，电流保持恒定，由于连接的不同电阻，相应的电压也会发生改变。

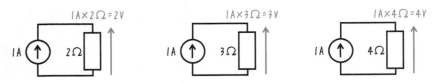

图 2.17　**恒定电流源：电流一定，电压发生变化**

1 电路的基础

2 直流电路

3 电磁学

4 交流电路

5 电气测量

6 非正弦交流...

▶【那电池是什么?】

可看成是将恒定电压源和电阻串联连接。

那么我们所熟知的「电池」到底是什么? 在这里先举个例子,就像从钱包里拿出的钱一样,能从电池中取出的电流大小也是有限的。不管你怎么榨取,从钱包里取出的钱都有上限吧。我们通过图 2.18 来说明。电池是由电动势为 E(V) 的恒定电压源和电阻 r(Ω) 串联而成。该电阻 r(Ω) 称为电池的内电阻。

如图 2.18 的正中间的电路图所示,在电池两端连接上电阻 R(Ω),此时通过电流 I(A)。分析整个电路,r(Ω) 和 R(Ω) 是串联连接的,整个电路的总电阻为 r(Ω) + R(Ω)。因为存在电动势 E(V),根据欧姆定律,得到 $I = \dfrac{E}{R + r}$。

如图 2.18 中的最右侧图所示,纵轴为电流 I(A),横轴为电阻 R(Ω)。如果 R(Ω) 变小,总电阻 r(Ω) + R(Ω) 就会变小,所以电流值会逐渐变大。但是,由于有电池内部有电阻 r(Ω) 的存在,所以总电阻的最小值为 r(Ω)。然后,在 $R = 0\,Ω$ 时电流 I(A) 达到最大,$I = \dfrac{E}{r}$,这就是从电池中能得到的最大电流。

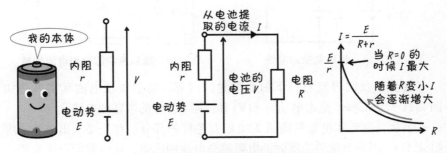

图 2.18　**电池的等效电路与特征**

问题 2-23 ▷ 让我们试着来求出电动势为 1.5V、内电阻 0.5Ω 的电池的最大电流。

答案在 P.186

2-13 ▶ 戴维南定理

虽然标题看起来有些复杂，其实这个内容也并没有那么复杂。戴维南定理指的是：

▶【戴维南定理】
含独立电源和电阻的端口可以等效为一个
恒定电压源和一个电阻的串联。

定理可以被
理解为方法

那戴维南定理具体说的是什么内容呢，我们先观察图 2.19 中所示的稍稍复杂的电路图。为了求解电流 $I(A)$，如果我们能将图 2.20 的蓝色框的部分看作为一个电池，这个问题就会变得简单。

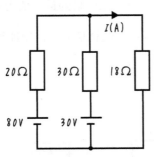

图 2.19　**稍稍复杂的电路**

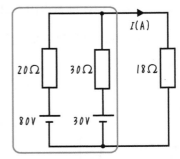

图 2.20　**框起来的部分用电池代替**

这里，我们再复习一下前面电池的内容，就会发现电池其实就是如图 2.21 所示那样，是由电动势 $E(V)$ 和内阻 $R(\Omega)$ 的串联的电路⊖。

下面，试着用电池替换图 2.20 的蓝色框的部分。首先要求出电池的内阻 $R(\Omega)$。因为电动势为零时的电阻就是电池的内阻，这时我们只需要假设蓝色框内的电动势为零，消去电动势就得到图 2.22 所示的电路。这就可以简单地计算电池两端等效的内阻 $R(\Omega)$：

⊖　复习的内容请参照「**2-12 恒定电压源、恒定电流源、电池**」

$$R = \frac{20 \times 30}{20 + 30}\Omega = 12\Omega$$

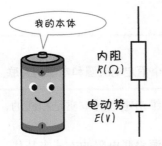

图 2.21　**电池 = 电动势 + 内阻**

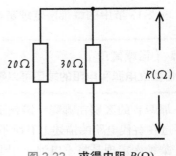

图 2.22　**求得内阻** $R(\Omega)$

接下来计算电动势。如果从电池流出的电流为零，此时内阻 $R(\Omega)$ 处的压降为零，因此电动势 $E(V)$ 应该直接体现在电池的两极。这样，如果图 2.20 的蓝色框处没有电流流出，此时就变为如图 2.23 中所示的电路。此时 $E(V)$ 的求解就作为作业留给读者们。求解时需要利用到基尔霍夫定律，最终的答案是 $E = 60V$。

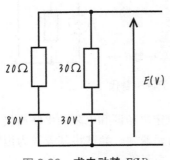

图 2.23　**求电动势** $E(V)$

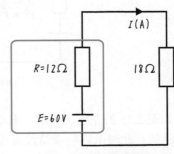

图 2.24　**替代后的电路图**

那么，如果把图 2.20 的蓝色框的部分用电池来替代的话，就变成图 2.24 所示的电路图了。到了这里，想要求出电流 $I(A)$ 就变得很简单了！

$$I = \frac{60}{12 + 18}A = \frac{60}{30}A = 2A$$

2-14 ▶ 诺顿定理

和 2-13 节中的戴维南定理基本相同。

▶【诺顿定理】
含独立电源和电阻的端口可以等效为一个恒定电流源和电阻的并联。

那两者的区别在哪呢？诺顿定理和戴维南定理的本质是相同的，两者只不过在替代电路的描述上有所不同罢了。

戴维南定理是将「电池」用恒定电压源串联电阻的方式来替代。而在在诺顿定理中，电池可以用恒定电流源和电阻的并联的方式来替换。也就是说，电池也是可以等效于一个恒定电流源和电阻的并联。首先，我们先尝试用恒定电流源来替代恒定电压源。

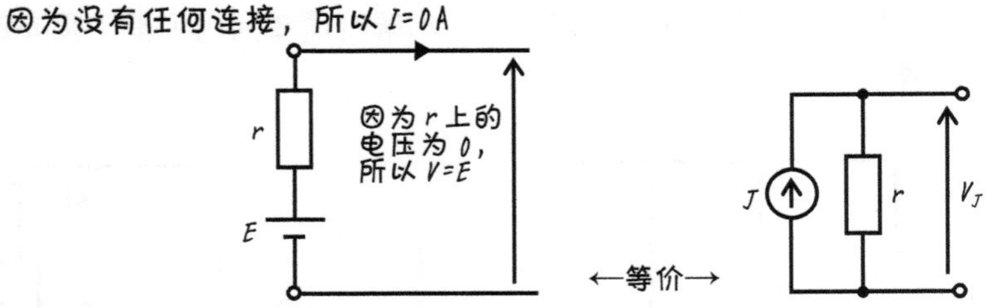

图 2.25　使用恒定电流源来替代

如图 2.25 的左侧图所示，电池是用恒定电压源和电阻的串联连接方式来表示的，此时电路的端口没有连接任何元器件。尝试将其等效为恒定电流源与电阻并联的连接方式，如图 2.25 右侧图所示。

为了使图 2.25 中两个电路的端口两端在没有连接任何元器件的情况下，端口的电压相同，图 2.25 的右侧中先假设一个电流为 $J(A)^{\ominus}$ 恒定电流源。

首先，由于图 2.25 的左侧图所示的电路端口两端什么元器件也没有连接，所以就不会有电流通过，内部电阻不会发生电压降。因此，电池的电

$\ominus$　电流的标记通常用 I 来表示，这里为了强调是「恒定的电流」，所以使用 J 来表示。

1 电路的基础

2 直流电路

3 电磁学

4 交流回路

5 电气测量

6 非正弦交流·瞬态现象

压为 V(V) 就等于电动势为 E(V)。

同样在图 2.25 的右侧图中，由于电路的两端没有连接任何元器件，所以恒定电流 J(A) 将全部流过内部电阻 r(Ω)。于是，根据欧姆定律可得到其端口两端电压 V_J(V) 即 $V_J = Jr$。

那么，为了使右侧电路图中的 V_J 与左侧图中的 V(V) 相等，我们就需要选择合适大小的 J(A)。由于 $V_J = V$，$Jr = V$，所以只要恒流电流为 $J = \dfrac{V}{r} = \dfrac{E}{r}$，图 2.25 中的两个电路的作用是相同的，即它们是等效的电路。

下面，我们试着用诺顿定理来解答在 2-13 节中的问题吧。方法很简单，只需将图 2.20 电路图中颜色包围的部分替换为图 2.25 右侧电路图即可。

内部电阻 r(Ω) 如 2-13 节中求出的那样，是将 20Ω 和 30Ω 并联连接而得到的，即

$$r = \frac{20 \times 30}{20 + 30}\Omega = 12\Omega$$

恒定电流源 J(A) 如图 2.26 所示，将电池的端口两端连接在一起（这种连接被称为「短路」）。短路时，电流不会通过内部电阻，来自恒流源的电流将全部通过白圈之间的电线。也就是说，流过短接在一起的地方的电流为恒定电流 J(A)。在图 2.27 中求 J(A) 就有

$$J = （流过 20\Omega 电阻支路的电流）+（流过 30\Omega 电阻支路的电流）$$

$$= \frac{80}{20}\text{A} + \frac{30}{30}\text{A} = 4\text{A} + 1\text{A} = 5\text{A}$$

这样我们就求出了 J(A) 和 r(Ω)，所以最终图 2.19 的电路就可以用图 2.28 的电路来替代。到了这里，各位读者就可以很容易计算出图 2.28 中的 I(A) 了。请计算 I 的结果，并确认计算的结果是否等于 2A。

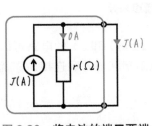

图 2.26　将电池的端口两端相连接（短路连接）

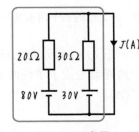

图 2.27　求得 J

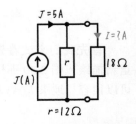

图 2.28　利用诺顿定理

2–15 ▶ 叠加定理

▶【叠加定理】

先将每个电源分开考虑，最后叠加在一起计算。

　　比起文字，图画显的更容易理解。图 2.29a）与 2-13 节中出现的电路图是相同的⊖。在这个复杂的电路中求解流过 $18\,\Omega$ 电阻的电流 $I_a(A)$。该电路中有 2 个恒定电压源，可以将其分解为图 2.29b）和 c）所示的分别只有 1 个恒定电压源的电路。这样，我们可以简单地求出图 2.29b）和 c）各自电路中的 $I_b(A)$ 和 $I_c(A)$。最后，I_a 为

$$I_a = I_b + I_c$$

这样就可以求出电流 $I_a(A)$。

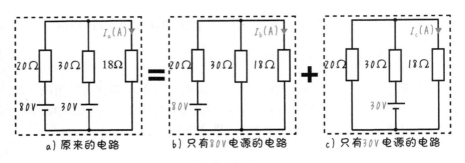

图 2.29　把之前的例子用重复的道理来做

　　首先我们来试着先求一下 $I_b(A)$ 和 $I_c(A)$。图 2.29b）和 c）的电路可以重新描绘成图 2.30 那样。这样就变成了单纯的电阻串联与并联连接，你就可以很容易地求 $I_b(A)$ 和 $I_c(A)$。

⊖　这个电路已经多次出现了，不是为了避免麻烦，而是出于教育上的考虑。

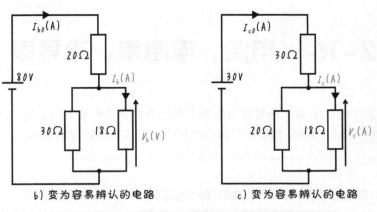

b）变为容易辨认的电路　　　　　　c）变为容易辨认的电路

图 2.30　将图 2.29b）和 c）变为容易辨认的电路

让我们来求一下 $I_b(A)$。合成电阻是将 18Ω 和 30Ω 的电阻并联后，再和 20Ω 的电阻串联而成。

$$20\Omega + \frac{30\times18}{30+18}\Omega = \frac{250}{8}\Omega$$

因此从电源流出电流 $I_{b0}(A)$ 为

$$I_{b0} = \frac{80}{250/8}A = \frac{64}{25}A$$

因此 30Ω 和 18Ω 并联电阻上的电压 $V_b(V)$ 为

$$V_b = I_{b0}\cdot（30\Omega \text{ 和 } 18\Omega \text{ 并联连接的合成电阻}）= \frac{64}{25}\times\frac{30\times18}{30+18} = \frac{144}{5}V$$

18Ω 上流过的电流 $I_b(A)$ 为

$$I_b = \frac{V_b}{18\Omega} = \frac{144/5}{18}A = \frac{8}{5}A$$

$I_c(A)$ 的求解也完全一样，所以各位读者可试着自行计算一下。最后答案是 $I_c = \frac{2}{5}A$。最后将图 2.29b）和 c）的电路求出的电流叠加求得 $I_a(A)$。

$$I_a = I_b + I_c = \frac{8}{5}A + \frac{2}{5}A = 2A$$

戴维南定理、诺顿定理、基尔霍夫定律、叠加定理等，有利于求解复杂的电路（准确地说是网络电路）。请一定多加练习，这些定律是求解复杂电路的利器。

1 电路的基础

2 直流电路

3 电磁学

4 交流回路

5 电气设备

6 非正弦交流

2-16 ▶ 电阻、电阻率、电导率

关于电气电阻（通常称为电阻）在之前的章节中有提及，在这个章节里我们具体说明物体的形状和种类是如何决定该物质的电阻值的。

? ▶【电阻】

物体的形状又细又长， 电流不好通过。

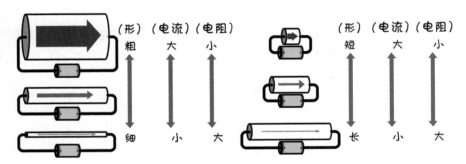

图 2.31 **越细越长，电流就越不容易通过**

图 2.31 显示了向各种大小的圆筒状物体施加电压，电流通过的情况。左侧图中保持物体的长度不变，只改变物体的粗细。就像自来水管一样，电流在较粗的管子中容易流过。物质变得越细，也就是截面积越小，电阻就越大。在右侧图中，保持物质的截面积不变，只改变物质的长度。可以看出长度越长，电子的移动距离就越长，电阻就越大。

下面，我们以物体的形状为基础，用公式来表示电阻。物体的长度为 $L(\mathrm{m})$，截面积为 $S(\mathrm{m}^2)$，电阻为 $R(\Omega)$。因为截面积越小，电阻就越大，所以 $R(\Omega)$ 与 $S(\mathrm{m}^2)$ 呈现的是反比关系。长度越长，电阻越大，表现出 $R(\Omega)$ 与 $L(\mathrm{m})$ 成正比例关系。如果用数学公式表示电阻则有：

$$R = \rho \frac{L}{S}$$

式中，比例常数 $\rho(\Omega \cdot \mathrm{m})$，称之为电阻率。表 2.2 中有各种主要金属的

电阻率。

表 2.2　各类主要金属的电阻率
（0℃时的值）

金属	电阻率（Ω·m）
金	2.05×10^{-8}
银	1.47×10^{-8}
铜	1.55×10^{-8}
纯铁	8.9×10^{-8}
铝	2.5×10^{-8}
水银	94.1×10^{-8}
镍铬合金	107.3×10^{-8}

▶【电阻率】
与物体形状和大小无关，是表示物质固有的电流流通难易程度的量。

电阻率与物体的形状和大小无关，是该物质固有的性质。所以，可以用这个电阻率来评价物质的导电性。

通常不用电阻率表示物质的导电特性，而采用电导率来表示物质的导电特性。电导率（S/m）（西门子每米）等于电阻率的倒数。

$$\sigma = \frac{1}{p}$$

▶【电导率】
与物体的形状无关，是表示物质固有的电流流通难易程度的量。

● **例**　求粗细为 **8mm²**、长度为 **1m** 的铜线的电阻。

> **答**　$S = 8 \times 10^{-6} \text{m}^2$、$L = 1\text{m}$，根据表 2.2，$p = 1.55 \times 10^{-8} \Omega \cdot \text{m}$、
>
> $R = p\dfrac{L}{S} = 1.55 \times 10^{-8} \times \dfrac{1}{8 \times 10^{-6}} \Omega$
>
> $= 0.194 \times 10^{-2} \Omega = 1.94 \Omega \cdot \text{m}$

问题 2-24　求粗细为 8mm²、长度为 1m 的镍铬线的电阻。

答案在 P.186

2-17 ▶ 电流的发热、功率、电能

▶【电流会引起发热】
电阻中有只要有电流流过就会发热。

让我们分析一下为什么会有这种现象出现。如图 2.32 所示，在电压 V(V) 的作用下，电子会从左向右移动，移动的过程中会撞到导体中质量比较重的离子。因此电子在运动过程中会受到阻力的影响，电子由于阻力，就会失去动能，在这里电子所失去的动能就会变成热量。也可以认为是电能转化成了热能。所消耗的电能的量与转换后的热能的量相同$^{\ominus}$。这就是焦耳定律，这种热叫作焦耳热。

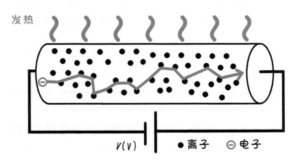

图 2.32　**由电流所产生的发热与阻力**

那么，我们试着来导出施加电压使电子移动时的能量，也就是电流所产生的热能。电能用焦耳这个单位表示。将 1C 的电荷在有 1V 电位差的两点之间移动的能量记为 1J。在 V(V) 的电压之间移动 Q(C) 的电荷时的能量 W(J) 为

$$W = VQ$$

这里，我们用电荷 Q(C) 和电流 I(A) 来表示电能（用电流来表示比用电路

$\ominus$　更加专业的表达是「电能和热能之间存在能量守恒定律」。焦耳法则是狭义定义上的能量守恒定律。

来表示更容易）。如图 1.3 所示，电荷 $Q(C)$ 在 t 秒内移动时流过的电流为 $I = \dfrac{Q}{t}$，将其变形为 $Q = It$ 后可得

$$W = VQ = VIt$$

在此如果将发热电阻值设为 $R(\Omega)$，则根据欧姆定律，

$$W = VIt = IR \cdot It = I^2Rt(利用\ V = IR)$$
$$W = VIt = V\frac{V}{R}t = \frac{V^2}{R}t(利用\ I = \frac{V}{R})$$

然后，将每秒消耗多少 J 的电能称为功率，以瓦为单位（W）。功率 $P(W)$ 为

$$P = \frac{W}{t} = VI = I^2R = \frac{V^2}{R}$$

功率（W）解释的是「单位时间内电路中所消耗的能量」。通常我们用瓦特秒（Ws）这个单位来表示每秒我们使用的电量。当表示较大的电量时，使用瓦特小时（Wh）这个单位，即每小时消耗的电量。也就是说

$$1Ws=1J、\ \ 1Wh=3600Ws$$

● 例　**求 3A 的电流通过 8Ω 的电阻 10min 时的功率和电量。**

答　功率为 $P = I^2R = 3^2 \times 8W=72W$、电量为 $10min = 600s$

功率为 $W = Pt = 72 \times 600Ws=43200Ws=12Wh$

问题 2-25 ▶ 8Ω 的电阻两端施加上 12V 的电压 3s。此时求出（1）流过的电流、（2）消耗的电力、（3）电量。

答案在 P.187

1 电路的基础

2 直流电路

3 电磁学

4 交流电路

5 电气测量

6 非正弦交流 瞬态现象

2-18 ▶ 最大输出功率

迄今为止，我们都是把电能看成是「一种可被消耗的东西」，在这里我们从「供给端」的视角来考虑。

通常把消费电能的灯泡、冰箱、电饭锅之类的东西叫作负载。负载的电阻称为负载电阻。如图 2.33 所示，试着考虑在电池 [电动势 E(V)、内部电阻 $r(\Omega)$] 两端连接上负载电阻 $R(\Omega)$ 下的情况。如果负载电阻为 $R(\Omega)$，为了使这电路中消耗功率 $P = I^2R$ 最大，试着分析下应该选择多大电阻 $R(\Omega)$ 呢？

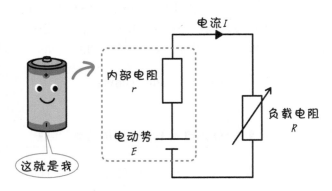

图 2.33　电池两端接上负载

根据欧姆定律，$I = \dfrac{E}{R+r}$，所以，

$$P = I^2R = \left(\frac{E}{R+r}\right)^2 R$$

展开括号得到，

$$P = \frac{E^2 R}{R^2 + 2Rr + r^2}$$

因为在分母和分子中都有 R，所以有些复杂，所以分母分子同除以 R，把变量 R 集中到分母中去。

$$P = \frac{E^2 R / R}{(R^2 + 2Rr + r^2)/R} = \frac{E^2}{\dfrac{R^2}{R} + \dfrac{2Rr}{R} + \dfrac{r^2}{R}} = \frac{E^2}{R + 2r + \dfrac{r^2}{R}}$$

此时，分母中的 R 只存在于下式的蓝色部分。

$$P = \frac{E^2}{R + \dfrac{r^2}{R} + 2r}$$

当 $R + \dfrac{r^2}{R}$ 最小的时候，P 的值会变得最大$^{\ominus}$。因此利用下面的关系式$^{\ominus}$

$$a + b \geq 2\sqrt{ab} \, (a = b \text{时，方程中的等号成立})$$

将 $a = R$、$b = \dfrac{r^2}{R}$ 代入上式可得

$$R + \frac{r^2}{R} \geq 2\sqrt{R \cdot \frac{r^2}{R}} = 2r$$

等号成立时，$R = \dfrac{r^2}{R}$、即 $R = r$。此时功率 P 为最大值为

$$P_{\max} = \frac{E^2}{r + \dfrac{r^2}{r} + 2r} = \frac{E^2}{r + r + 2r} = \frac{E^2}{4r}$$

● 例　求内部电阻 4Ω、电动势 12V 的电池能够提供的最大电力。

答　$P_{\max} = \dfrac{E^2}{4r} = \dfrac{12^2}{4 \times 4} \text{W} = 9\text{W}$

⊖　分母越小，分式的值就越大。

⊖　根据「相加的平均 ≥ 相乘平均」的关系式 $\dfrac{a+b}{2} \geq \sqrt{ab}$ 变形得到的。

1 电路的基础

2 直流电路

3 电磁学

4 交流回路

5 电气测量

6 非正弦交流、瞬态现象

第 2 章　练习题

[1] 有 8Ω 和 16Ω 的电阻。如果施加相同的电压，哪个电阻上的电流更大？假设施加 8V 的电压，请求出各个电阻中通过的电流。

[2] 求出并联 2 个同样大小的电阻 $R(\Omega)$ 时的总电阻。

[3] 有很多 10kΩ 的电阻。想要 15kΩ 的电阻，该怎么办呢？

[4] 求下面电路图中的电流 $I_1(A)$、$I_2(A)$、$I_3(A)$：

（1）基尔霍夫定律；

（2）叠加定理。

请利用上述 2 种方法求解。

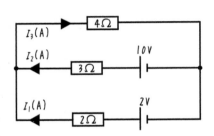

[5] 有 100V 消耗 60W 的灯泡。如果用 80V 电压的话，耗电量会是多少？

[6] 让我们来求出内阻为 2Ω、电动势为 8V 的电池能够提供的最大电流和最大电力。

提示 负载电阻值为零时，电流最大。

答案在 P.187~P.192

COLUMN　鹦鹉与牛

　　电阻 R 的单位是 Ω，是为了纪念德国的物理学家欧姆先生。电阻表示电流的流动困难程度。同样，为了表示电流流动的容易程度使用了一个物理量称为电导，用 G 来表示，$G=\dfrac{1}{R}$。从前，电导单位是逆着 "Ohm" 来发音的（很像鹦鹉的叫声），读作 "Mho"（很像牛的叫声），单位是将 Ω 倒过来，写成 ℧ 来表示的。现在单位用 S（西门子）来表示。

第3章

电磁学

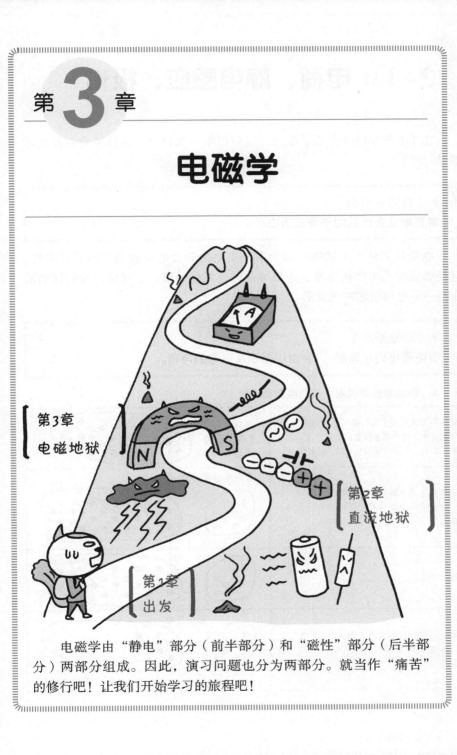

第3章
电磁地狱

第2章
直流地狱

第1章
出发

　　电磁学由"静电"部分（前半部分）和"磁性"部分（后半部分）两部分组成。因此，演习问题也分为两部分。就当作"痛苦"的修行吧！让我们开始学习的旅程吧！

3-1 ▶ 电荷、静电感应、极化

在 1-1 节中已经介绍了电荷，这里再做一次介绍。在这里重新开始详细学习吧！

▶【复习：电荷】
带正电或负电的粒子被称为电荷。

电荷是如何产生的呢？因为本来正电荷和负电荷数量相同而呈中性，但是如果用毛巾摩擦头发，正负电荷就会发生分离。在这里，我们就稍微介绍一下电荷引起的现象吧。

▶【静电感应】
当电荷接近导体时，会出现带相反符号的电荷。

表 3.1　静电感应的机制（当负电荷靠近时）

导体中存在有很多自由电子⊖。同时存在很多离子⊕，由于离子很重，基本不动。但从整体来看，正负电荷相互抵消，呈中性。	导体 （有大量的 自由电子）
当带负电荷⊖的物体从左靠近导体时，负电荷和自由电子排斥，所以自由电子向右移动。	带负电荷的物体 逃跑
移动完成	
物体左侧没有自由电子，所以出现正电。 自由电子聚集在物体的右侧，所以出现负电。	出现正电 出现负电

也就是说，如果靠近正电荷，相对应的负电荷就会在附近出现，如果靠近负电荷时，相对应的正电荷就会在附近出现。这种现象叫作静电感应，通常发生在存在大量自由电子的导体上。表 3.1 说明了产生静电感应的机制。表 3.1 也说明了负电荷接近时的发生机制。相反，当正电荷接近时会出现负电荷。

> ▶【极化】
> 电荷接近时相反符号的电荷会出现在绝缘体上，绝缘体叫作电介质。这种现象叫作极化。

即使不是导体，如果靠近电荷，相反符号的电荷也会出现。这种现象叫作极化，极化表现明显的绝缘体叫作电介质。表 3.2 说明了发生极化的结构。

表 3.2 **极化的机制**

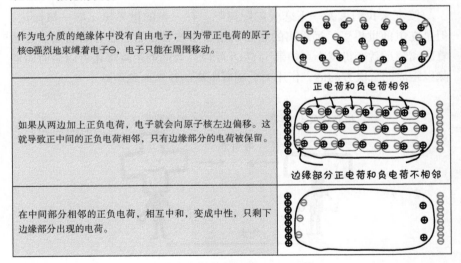

作为电介质的绝缘体中没有自由电子，因为带正电荷的原子核⊕强烈地束缚着电子⊖，电子只能在周围移动。	
如果从两边加上正负电荷，电子就会向原子核左边偏移。这就导致正中间的正负电荷相邻，只有边缘部分的电荷被保留。	正电荷和负电荷相邻 边缘部分正电荷和负电荷不相邻
在中间部分相邻的正负电荷，相互中和，变成中性，只剩下边缘部分出现的电荷。	

问题 3-1 ▶ 静电感应和极化的区别是什么？

答案在 P.193

3-2 ▶ 欧姆定律1：意义

在 3-1 节中，对正电荷和负电荷之间相互吸引和排斥的各种情况做了说明。下面将详细介绍电荷之间的作用力到底有多大。

电荷的性质，有点像男女间的恋爱。恋爱中，同性之间会比较排斥，而异性之间却互相吸引[一]。在电气世界中也无一例外，相同符号的电荷会相互排斥，不同符号的电荷会相互吸引。

电荷间排斥的强度或相互吸引的强度也类似于男女的恋爱。在恋爱中的各方不相思相爱是不可能的。图 3.1 中假设 ♂ 男性 1 的相思程度为 Q_1(C)、假设 ♀ 女性 2 的相思强度为 Q_2(C)，则两个人相互吸引的力为各自的相思程度 Q_1Q_2 的乘积。如果 Q_1(C) 或 Q_2(C) 中的任意一个值为 0[二]，则两个人的吸引力就为 0。

接下来我们考察一下恋爱的距离吧。在人类的世界里不能一概而论，但是在电的世界里，远距离的恋爱是相当不被看好的。二者间的吸引力随着距离越远就变得越小。如果用 Q_1Q_2 除以二者间的距离那还可以，但如果除以距离的二次方的话，作用力会随着距离的拉大而急速减小[三]。

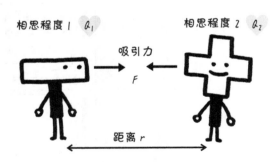

相思程度 1 Q_1　　　　相思程度 2 Q_2

吸引力
F

距离 r

图 3.1　**电荷间的相思相爱的力**

以上，我们用恋爱来比喻电荷间作用力的现象，这个法则其实就是库仑法则，可以总结如下。

[一]　在人的世界里也不能一概而论，也有很多情况不是这样的。
[二]　在人的世界里这也被叫作「单相思」。
[三]　这叫作逆平方律，是由从前的卡文迪什老师发现的。

1

电荷的基础

2

直流电路

3

电磁学

4

交流电路

5

电气测量

6

非正弦交流现象

▶【库仑定律（含义）】

电荷越大，两个电荷间的作用力越强；两者之间的距离越远，作用力就越小。具体为：电荷相乘除以距离的二次方。

　　用公式表示这个库仑定律，计算电荷间的作用力。顺便说一下，力的单位是 N（牛顿）。两个小的鸡蛋的重量约为 1N[⊖]。

▶【库仑定律（方程式）】

如图 3.2 所示，在相距 r「m」的位置放置带 Q_1、Q_2「C」2 个电荷，它们间的作用力 F「N」，用方程式可表示为

$$F = k\frac{Q_1 Q_2}{r^2} \qquad \left(k = \frac{1}{4\pi\varepsilon_0} = 9.0 \times 10^9 \right)^{⊖}$$

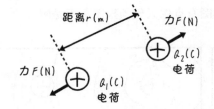
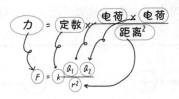

图 3.2　是否对两个电荷起作用（库仑定律）

● 例　求出相距 2cm 的带 0.1C 和 0.4C 的两电荷间的作用力？

答　因为 2cm = 0.02m，所以 $F = k\dfrac{Q_1 Q_2}{r^2} = 9.0 \times 10^9 \times \dfrac{0.1 \times 0.4}{0.02^2}$ N $= 9 \times 10^{11}$ N

（这是相当大的力…）

问题 3-2　让我们来寻求两个相距 100m 的两个电子间的库仑力？

答案在 P.193

⊖　质量约是 98g。

⊖　方程式中的比列常数 $k = \dfrac{1}{4\pi\varepsilon_0}$，其中包含了真空的介电常数 ε_0，$\varepsilon_0 = 8.85 \times 10^{-12}$F/m。但是，这个比例常数是如何确定的呢？这有些难度，本书就不赘述了。

3-3 ▶ 电场

▶【电场】

「电」 荷感受到 「场」 所产生的力称为电场。

　　如果存在多个电荷（2 个以上）的情况，它们间的吸引力或排斥力是如何相互作用的呢？因为要掌握全部电荷间的相互作用力是很麻烦的，所以在电磁学的世界里，如果「单独分析作用于 1 个电荷的力」，思路就会豁然开阔。

　　这里我们细化出一种电场的量。如字面意思，「电」 荷感受到力的「场」 所。如何理解电场呢？用图 3.3 所示最简单的例子，对两个正电荷之间的作用力进行说明。图 3.3 的右侧图有点像天气预报图，不是吗？

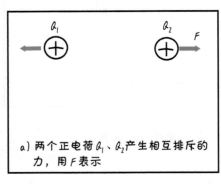
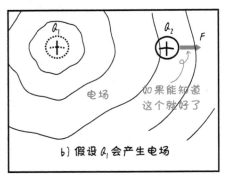

图 3.3　电荷间相互作用力的 2 种视角

　　在图 3.3a 中，用两个箭头表示两个电荷间相互作用力。但是如图 3.3b 所示，如果认为 Q_1 周边会产生一种空间，在这空间内会对电荷 Q_2 产生排斥力，这种空间我们称为电场。类似的情况也可以认为，Q_1 处在 Q_2 生成的电场中，该电场会对 Q_1 产生排斥作用[一]。

　　下面用数学式来说明电场的意义吧（也许这样会更加清晰易懂）。假设在图 3.3 中，两个电荷相距 r(m)。根据库仑定律，作用于电荷 Q_2(C) 的力为

―――――――――――――――――――――

[一]　顺便说一下，如果想知道对 Q_1 产生的作用力，可以认为 Q_1 受到 Q_2 所产生电场的作用力。

1 电路的技术

2 直流电路

3 电磁学

4 交流电路

5 电气测量

6 非正弦交流瞬态现象

$$F = \boxed{k\frac{Q_1 Q_2}{r^2}} = EQ_2$$

$$\searrow E = k\frac{Q_1}{r^2}$$

上式中圈出来的部分 E 这个量就叫作「电场」。这个量 $E = k\dfrac{Q_1}{r^2}$ 表示 $Q_1(\text{C})$ 的电荷在距离 $r(\text{m})$ 的地方产生的电场 ⊖。另外，电场 E 的单位为 V/m（伏每米）。

这里还有一个重要的点是，电场这个量不仅含有「强度」信息，而且还包含了「方向」信息。用箭头来表示这两个信息。「强度」用箭头的长度表示，「方向」用箭头的指向表示。如图 3.4 所示，正电荷的受力方向与电场 $E(\text{V/m})$ 方向相同，负电荷的受力方向与电场方向相反。另外，由正电荷产生的电场方向向外呈现放射状；由负电荷产生的电场方向呈现向内放射状。这样就很好地解释了相同符号的电荷间相互排斥，不同符号的电荷间相互吸引的原因。

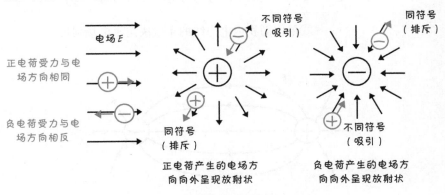

图 3.4　电荷所产生电场的方向

▶【电场的量】
电场是具有大小和方向的量。

⊖　请注意 $F = EQ_2$ 这个公式。电场 E 这个量是由 Q_1 产生的，另外即使不知道 Q_1 带有的电荷量和距离离得多远，只要知道此处的电场，就能知道 Q_2 所受到的力。这是公式 $F = EQ_2$ 所要表达的。

3-4 ▶ 电力线通量

▶【电力线】

就像是一张地图，用来表示电场是什么模样的。

虽然眼睛看不到作用于电荷的力，但是该如何在视觉上表现出电场的存在呢？电力线很好地解决了这个问题，电力线也被称为指力线。如字面所示，是表示作用于「电」荷上「力」的指示「线」，其样子就如图3.5所示，画法有3个规定。

$$3 \text{ 个规定} \begin{cases} ①\text{从正电荷出发到负电荷截止} \\ ②\text{电力线的切向方向与电场方向相同} \\ ③\text{单位面积内电力线的条数决定了电场强度} \end{cases}$$

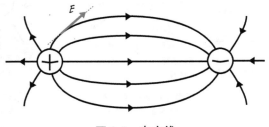

图 3.5　**电力线**

① 比较容易理解，如图3.5所示。

② 如图3.5中所示，想要分析某一点的电场方向时，该点处电力线的切线方向和电场方向是相同的。

③ 其含义在这里详细说明。通过每平方米电力线的条数与电场的大小值是相同的。例如，在图3.6中，如果有大小为3V/m的电场，则通过每平方米的电力线会是3条。

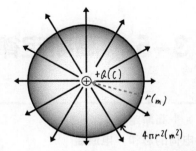

图 3.6　电力线的条数　　　图 3.7　$+Q$「C」电荷所产生电场线的条数

接下来，我们来调查一下带 Q(C) 的 1 个电荷产生的电场线是多少条。在图 3.7 中，Q(C) 的电荷呈向外放射状的电场线。以电荷为中心，在距离中心 r(m) 的地方会形成球面，数一下此处有多少条电力线通过。由于形成的是球面，因此其表面积为 $4\pi r^2$(m^2)。利用 3-2 节已介绍的电场公式。于是，通过此处所有电力线的数量可用下面的公式计算得出。

（表面积）× [单位面积内通过电力线的条数（$=E$）]

$$= 4\pi r^2 \frac{1}{4\pi\varepsilon_0}\frac{Q}{r^2} = \frac{Q}{\varepsilon_0}$$

计数电力线是相当麻烦的。

▶【电通量】
比电力线更加容易计量。

所以这里说明一个更简单的计数方法，就是用这个电通量来计量。就像字面意思一样是「电」力线通过的「量」，规定从 1C 的正电荷到 −1C 的负电荷间通过的电通量为一束。这样计量起来就很方便。而且电通量的单位与电荷单位（C）是相同的。

现在，让我们来说明电力线和电通量之间的关系。假设 Q(C) 电荷产生的电力线的数量为 N，电通量为 Ψ(C)。根据 $N = \dfrac{Q}{\varepsilon_0}$ 和 $\Psi = Q$，得到

$$\Psi = \varepsilon_0 N$$

的关系式。也就是，只要将电力线数乘以 ε_0 倍就可以换算成电通量。

1 电路基础

2 直流电路

3 电磁学

4 交流电路

5 电子测量

6 非正弦交流

3-5 ▶ 高斯定律电通量密度

第 3-4 节中只考虑了只存在 1 个电荷，而且该电荷位于球面的中心的这一种特殊情况。高斯定律是将适用范围扩展到有大量的电荷或各种各样不规则形状的面存在的情况。

图 3.8 中列举了存在 5 个电荷的情况。包围着的面（用闭合的曲面将电荷包裹起来），无论是什么形状都可以。从这个包围着的面发出的电通量为

$$\Psi = Q_1 + Q_2 + Q_3 + Q_4 + Q_5$$

总之，如果把被包裹处的电荷全部合计起来，就等于发出的电通量。这就是所谓的高斯定律。

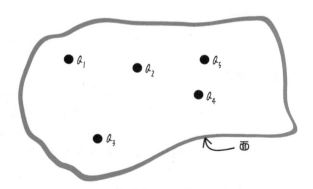

图 3.8　有 5 个电荷：尝试应用高斯定律

1

电路的读法

2

直升电荷

3

电磁学

4

交流电流

5

电气元器

6

非正弦交流电原理现象

● 例　+1C、+3C、−4C 三个电荷产生的电通量一共多少？

答　(+1C) +(+3C) +(−4C) = 0C（也就是说，不会产生电通量）

▶【电通密度】

电通密度其实和人口密度的计算方法是一样的。

　　人口密度表示为单位面积的"人口"[⊖]。例如，如果20km² 面积的城镇中有 3 万的人口，则人口密度为 30000 人 ÷20km² = 1500 人 /km²。

　　与人口密度的计算方法一样，密度的计算方法也同样适用于电通量。每平方米通过的电通量称为电通密度 [单位为（C/m²）]。

　　例如，让我们来试着求解下在一个电荷 Q(C) 在 r(m) 处所产生的电通密度 D(C/m²)。以电荷为中心，距离 r(m) 的地方呈半径 r(m) 的球面，所以整个球面的面积为 $4\pi r^2$(m²)。总电通量为 $\Psi = Q$。综上所述，计算公式如下：

$$D = \frac{电通量}{面积} = \frac{\psi}{4\pi r^2} = \frac{Q}{4\pi r^2} = \frac{1}{4\pi}\frac{Q}{r^2}$$

这里，电荷 Q(C) 在距离 r(m) 的地方所产生的电场为

$$E = \frac{1}{4\pi\varepsilon_0}\frac{Q}{r^2}$$

回想之前的推导，试着用 E(V/m) 来表示 D(C/m²)。如果同乘以分母和分子则得到

$$D = \frac{1}{4\pi}\frac{Q}{r^2} = \varepsilon_0\frac{1}{4\pi\varepsilon_0}\frac{Q}{r^2} = \varepsilon_0 E$$

该 $D = \varepsilon_0 E$ 的关系式不限于只有 1 个电荷的情况，在同时多个电荷存在的情况下，该等式也是成立的。

▶【电通密度 D 与电场 E 的关系】

$$D = \varepsilon_0 E$$

⊖　的确，在平时里采用每 km² 来表示会更频繁些。

3-6 ▶ 电位、等电位面

▶【电位】
表示 "电" 荷放置的 "位" 置。

　　电位的概念在第 1-4 节中已经有提及过，这里再详细说明。请看图 3.9，有 +Q(C) 的正电荷和 +1C 的正电荷。这两个电荷间互相排斥。我们使 +Q(C) 的电荷牢牢地固定在一点不动。（1）我们首先假设用手捏住 +1C 的电荷。（2）当我们松开手，+1C 的电荷会受到力的作用，向右移动。那么会移动到什么程度，因为只要有电场存在，就会有力的作用，所以它会移动到感觉不到电场的地方[⊖]。

(1) 松开手

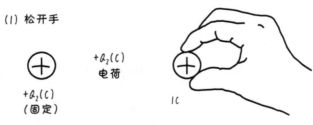

+Q₂(C)
电荷

+Q₂(C)
(固定)

1C

(2) 1C 的电荷电会移动到感觉不到电场的地方

+Q₂(C)
(固定)

1C

图 3.9　**电位的考虑方法**

　　这样电场具有使电荷移动到电场为零的地方的能量[⊖]。反过来说也就是这个电荷储存着逆电场回到原来的手放置地方的能量。

　　也就是说，电场中的电荷具有势能，我们把 +1C 电荷所具有的势能称为电位。就像字面意思一样，表示的是 "电" 荷的放置 "位" 置。单位是

⊖　理论上看成是无限远的地方。
⊖　准确地说，这里的能量应该称为势能。

伏特，符号用 V。下面介绍一个具体的例子。在距离电荷 $Q(C)$ 为 $r(m)$ 的地方的电位 $\phi(V)$ 为

$$\phi = \frac{1}{4\pi\varepsilon_0}\frac{Q}{r}$$

也就是说，只要是距离电荷 $r(m)$ 的地方，其电位的值是相同的。于是该相同电位的点的集合呈半径为 $r(m)$ 的球面。这样相同电位在面上连接而成的面被称为**等电位面**，如图 3.10 所示。这其实与地形图的等高线或天气图的等压线的做法是相同的[⊖]。

另外，如图 3.10 所示，电力线一定是垂直于等电位面的。这是因为，如果在垂直于电力线的方向上移动电荷，电荷将不会受到该方向上的电场力，所以也就不会有能量的变化。换而言之，这其实就等同于电荷在等电位面上的移动。

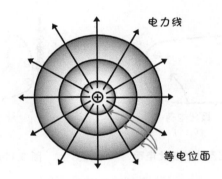

图 3.10　等电位面与电力线

1

电路的基础

2

直流电路

3

电磁学

4

交流电路

5

电气测量

6

晶体现象

⊖　涉及得复杂些，如果电荷存在于三维空间，等电位面就是二维，也就是"面"。由于地形图和天气图是二维的，所以等高线和等压线就变成是一维的，也就是"线"。比如，如果附加上这些条件，如："等电位（电位相同的地方）"，"等高（高度相同的地方）""等压（压力相同的地方）"，得到的空间维度就会下降一个维度。顺便说一下，如果把等电位放在二维的空间中，等电位的地方就变成了一维，也就是线，这些线被称为等电位线。

3-7 ▶ 极化和介电常数

? ▶【如果发生极化】
在发生极化的物质（电介质）中，作用于电荷的力会变小。

在图 3.11 的电介质两侧放置正电荷和负电荷，使电介质发生极化。这时在电介质内部产生的电荷被称为极化电荷，为了与极化电荷区别开来，我们把夹在电介质两侧的电荷称为纯电荷。

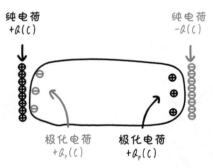

图 3.11 由于极化产生的极化电荷

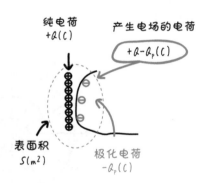

图 3.12 图 3.11 的左边放大特写

此时，产生的极化电荷与纯电荷的电荷符号是相反的。这样一来就使产生电场的电荷的总量变小了。这里我们来详细说明。我们先把图 3.11 的左边放大部分用图 3.12 来表示。如图 3.12 所示，此时，产生电场的电荷大小为 $Q - Q_p$（C），也就是说，如果没有发生极化，则电场是由 Q(C) 的电荷所产生的，但是由于发生了极化，产生电场的电荷总量减少到 $Q - Q_p$ (C)。由于电场变小了，所以在电介质内作用于电荷的力就相应地变弱了。

那么，我们用数学公式具体地描述一下这个现象吧。图 3.12 的彩色虚线描绘的部分发出的电通量，根据高斯定律（参照 3-5 节）为

① $\quad \Psi = Q - Q_p$

如果电通密度为 $D(\text{C/m}^2)$，虚线包围部分的表面积为 $S(\text{m}^2)$，这就得到 $\Psi = DS$。此外，再将纯电荷和极化电荷共同产生的电场设为 $E(\text{V/m})$，因为有 $D = \varepsilon_0 E$ 的关系，于是得到

② $\Psi = DS - \varepsilon_0 ES$

结合公式①和②，可以导出这一关系式 $\varepsilon_0 ES = Q - Q_\text{P}$。这里可以看出如果施加的电场越大，或者表面积越大，产生的极化电荷就越多，也就是 $E(\text{V/m})$ 和 $S(\text{m}^2)$ 与 $Q_\text{P}(\text{C})$ 是呈线性的比例关系⊖。如果将比例常数设为 χ，则有 $Q_\text{P} = \chi ES$、$\varepsilon_0 ES = Q - \chi ES$，整理后可得到 $(\varepsilon_0 + \chi)ES = Q$。如果把括号里的系数用 ε 表示，也就是 $\varepsilon = \varepsilon_0 + \chi$；代入前面的关系式，最后可整理为 $\varepsilon ES = Q$。如果没有发生极化，电场是由纯电荷 $Q(\text{C})$ 所产生的，则该关系式就变为 $(\varepsilon_0 + \chi)ES = Q$。根据以上的关系式，我们可理解为由于极化现象的产生，电荷从 $Q(\text{C})$ 减少到 $Q - Q_\text{P}(\text{C})$，或者使 ε_0 变为 ε。我们将 ε 这个系数称为介电常数，单位是 F/m（法拉每米），介电常数的大小是由物质本身的性质所决定的。

真空中的介电常数 ε_0 为 $8.85 \times 10^{-12}\text{F/m}$。需要说明的是玻璃中的介电常数为 $7.5\varepsilon_0$，盐的介电常数为 $5.9\varepsilon_0$。电介质中的介电常数一定大于真空中的电介质常数 ε_0。

在此之前，库仑定律和求电场的公式等都是在真空中这个条件下成立的。如果在电介质中计算时，只要将真空中的介电常数置换过来，公式中剩下的部分都不发生变化。例如，我们把在真空中和在电介质中的库仑定律公式表示在图 3.13 中。请试着在左右图中找出不同的地方。我们发现只有介电常数 ε_0 和 ε 是不同的。

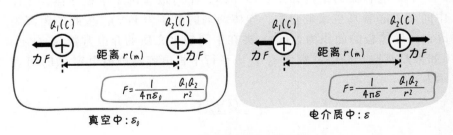

图 3.13   **在真空中与在电介质中的不同**

⊖ 这个过程被称为线性近似，可以很好地表达各种物质的特性。我们还可以把 χ 称为介质的极化率。

3-8 ▶ 电容器

？▶【什么是电容器】
就像可以储存电荷的一种容器。

把牛奶里面的水分排除，得到的炼乳就是浓缩牛奶。浓缩的英文是"condense"。电容器的英文是"condenser"，是指能够蓄积电荷的装置⊖。最早的电容是用玻璃瓶制作而成的，也许这就导致以前的人都认为电容器是把电荷在一个地方凝缩起来的吧。

电容器能够储存的电荷的多少叫作静电电容，或者简称为电容。静电电容是如何决定的呢？如图 3.14 中的电介质，如果电介质所带蓄积电荷为 $Q(C)$ 时，电位为 $V(V)$，该电介质的静电电容 $C(F)$ 就可定义为

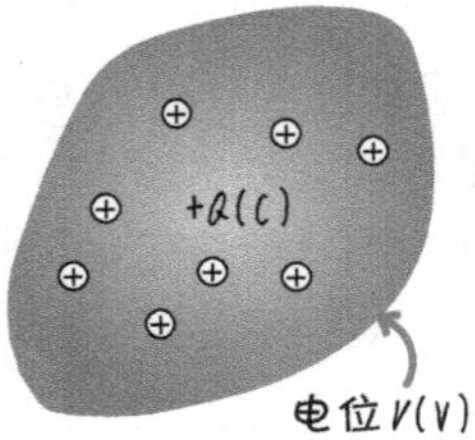

$$C = \frac{Q}{V}$$

电位 $V(V)$

图 3.14　**静电电容**

也就是说，用每一伏电位可以储存多少 C（库仑）的电荷量来表示电容器储存电荷的能力。单位使用法拉第（F）。

接下来具体介绍下平板电容器的静电容量。表 3.3 详细说明了平板导体板 A 电荷储存的过程。

平板电容器的结构如图 3.15 所示，平行放置两个平板导体，导体中间可以隔着真空或电介质，导体两端的电压为 $V(V)$。板间的距离为 $d(m)$，导体板的面积为 $S(m^2)$，夹在中间的电介质的介电常数为 $\varepsilon(F/m)$（如果是真空，介电常数为 ε_0），该平行平板电容器静电电容 $C(F)$ 可表示为

$$C = \frac{Q}{V} = \varepsilon \frac{S}{d}$$

⊖　但是，在英语中，电容器也被称为 capacitor。

表 3.3　平板电容器的静电电容

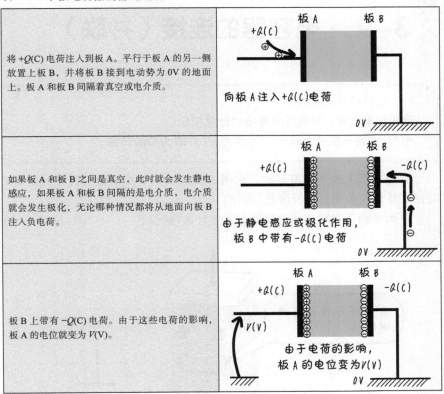

将 +Q(C) 电荷注入到板 A。平行于板 A 的另一侧放置上板 B，并将板 B 接到电动势为 0V 的地面上。板 A 和板 B 间隔着真空或电介质。	板 A　　　板 B +Q(C) 向板 A 注入 +Q(C) 电荷 0 V
如果板 A 和板 B 之间是真空，此时就会发生静电感应，如果板 A 和板 B 间隔的是电介质，电介质就会发生极化，无论哪种情况都将从地面向板 B 注入负电荷。	板 A　　　板 B +Q(C)　　　　　　 −Q(C) 由于静电感应或极化作用， 板 B 中带有 −Q(C) 电荷 0 V
板 B 上带有 −Q(C) 电荷。由于这些电荷的影响，板 A 的电位就会变为 V(V)。	板 A　　　板 B +Q(C)　　　　　 −Q(C) V(V) 由于电荷的影响， 板 A 的电位变为 V(V) 0 V

也就是，如果面积 S(m^2) 越大，C(F) 就越大；如果距离 d(m) 越大，C(F) 就越小。这其实是说明面积越大，储存电荷的区域就越大，板间的距离也越大，就越难发生静电感应或极化。

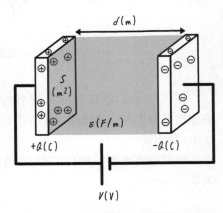

图 3.15　平板电容器的静电容量

1 电路的基础

2 负载电路

3 电磁学

4 交流电路

5 电气测量

6 非正弦交流·瞬态现象

3-9 ▶ 电容器的连接（并联）

> ▶【电容器并联连接时】
>
> 合成静电电容：与电阻的连接的计算相反。
>
> 电阻 并联为和分之积； 电容器 并联为和的计算。

在电路图上表示电容器时，采用如图 3.16 中所示的电气符号。在画的时候要注意两条平行线长度是相同的[⊖]。

下面介绍下并联连接电容器会发生什么情况。

这个符号代表了我啊！

长度相同

图 3.16　**电容器的电气符号**

图 3.17 中的电路图是将两个电容器 C_1(F) 和 C_2(F) 并联连接，并在两端施加电压 V(V)。假设在 C_1(F) 中存储了 Q_1(C) 的电荷，在 C_2(F) 中存储了 Q_2(C) 的电荷。

根据静电电容 C_1(F)、C_2(F)，则电荷 Q_1(C)、Q_2(C) 和电压 V(V) 之间的关系可表示为

⊖　"长短不同"代表的是电路中的电源或电池。

$$Q_1 = C_1V、\quad Q_2 = C_2V$$

如图 3.18 所示，试着用一个电容器 $C(F)$ 来表示这两个并联的电容器。整体电荷 $Q(C)$ 为

$$Q = Q_1 + Q_2 = C_1V + C_2V = (C_1 + C_2)V$$

这里，将 C 写成用 $C = C_1 + C_2$，则上式表示为

$$Q = CV$$

这个式子表示的是图 3.17 中两个电容器并联后的合成电容。即并联连接两个电容器 $C_1(F)$ 和 $C_2(F)$，如图 3.17 所示，可以等效为一个电容器，其静电容量为 $C = C_1 + C_2$。由两个电容合成的静电容量被称为合成静电容量。

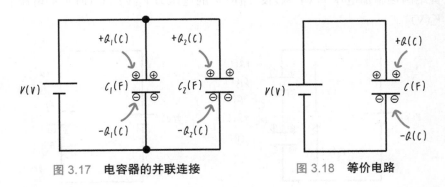

图 3.17　**电容器的并联连接**　　　　图 3.18　**等价电路**

▶【并联连接电容器时】

如果将两个电容器 $C_1(F)$ 和 $C_2(F)$ 并联连接，则其合成静电容量为 $C = C_1 + C_2$（"和"的形式）。

● 例　求出并联连接 $1\mu F$ 和 $2\mu F$ 电容器时的合成静电容量。

答　$1\mu F + 2\mu F = 3\mu F$

问题 3-3　计算 10nF 和 30nF 的电容器并联时的合成静电容量。

答案在 P.193

3-10 ▶ 电容器的连接（串联）

? ▶【串联连接电容器时】

合成静电电容：与电阻的连接的计算相反。

电阻 串联为和的计算； 电容器 串联为和分之积。

下面就串联连接时电容器会发生什么情况进行介绍。图 3.19 中的电路图是将两个电容器 $C_1(F)$ 和 $C_2(F)$ 串联连接而成，并在串联后电容器的首尾两端施加电压 $V(V)$。假设 $C_1(F)$ 上的电压为 $V_1(V)$，$C_2(F)$ 上的电压为 $V_2(V)$。

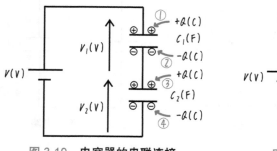

图 3.19　**电容器的串联连接**　　　　图 3.20　**等价电路**

假设电容器 C_1 的正极侧①处存储了 $+Q(C)$ 的电荷。因为静电感应或极化，所以其相反侧②处也会产生 $-Q(C)$ 的电荷。相应的，③处中也产生了 $+Q(C)$ 的电荷，②③处中的电荷量的总和为 0。也就是说，原来电荷为零的地方，产生了 $\pm Q(C)$ 的电荷。由于③处的 $+Q(C)$ 电荷的存在，通过静电感应或极化使④处，产生了 $-Q(C)$ 的电荷。

根据静电电容 $C_1(F)$、$C_2(F)$，则电压 $V(V)$ 和电荷 $Q_1(C)$、$Q_2(C)$ 之间的关系可表示为

$$Q = C_1 V_1 \text{、} Q = C_2 V_2$$

将这两个串联的电容器用图 3.20 中一个电容器 C 来表示，再根据基尔霍夫电压定律，可得到

$$V = V_1 + V_2 = \frac{Q}{C_1} + \frac{Q}{C_2} = Q\left(\frac{1}{C_1} + \frac{1}{C_2}\right)$$

这里，将 $\frac{1}{C}$ 表示为 $\frac{1}{C} = \frac{1}{C_1} + \frac{1}{C_2}$，并代入上式可得到

$$V = \frac{Q}{C}, \text{ 也就是 } Q = CV$$

因此，该公式表示了图 3.20 中的电容器。也就是说如果将两个电容器 $C_1(F)$ 和 $C_2(F)$ 串联连接时，与其等价的合成静电电容 C 可表示为

$$\frac{1}{C} = \frac{1}{C_1} + \frac{1}{C_2}$$

整理后，得到

$$C = \frac{1}{\dfrac{1}{C_1} + \dfrac{1}{C_2}} = \frac{C_1 C_2}{C_1 + C_2}$$

也就是说，和两个电阻并联时的表示形式是一样的，为「和分之积」。

> 【电流会引起发热】
> 串联连接两个电容器 $C_1(F)$ 和 $C_2(F)$ 时，其合成静电电容为
> $\dfrac{C_1 C_2}{C_1 + C_2}$（"和分之积"的形式）。

积
和

和分之积

● 例　**计算 3μF 和 6μF 电容器串联时的合成电容。**

答　$\dfrac{3 \times 6}{3 + 6}\mu F = 2\mu F$

问题 3-4　计算 30nF 和 60nF 电容器串联时的合成静电电容的大小。

答案在 P.193

73

3-11 ▶ 静电能

▶【电容器存储的能量】

别忘记了 $\frac{1}{2}$。

二分之一

电容器可以通过存储电荷来存储能量。这个存储的能量被称为静电能。在这里,试着用电容器的容量和施加的电压来表示其静电能。

如图 3.21 中的电路图所示,将开关倒向①侧,将静电容量为 $C(F)$ 的电容器连接到 $V(V)$ 的电源上。由于极化或静电感应,在电容器的正极侧聚集 $+Q = +CV$ 的电荷,在负极侧聚集 $-Q = -CV$ 的电荷。此时电容器两端的电压为 $V = \dfrac{Q}{C}$。电容器中积累电荷的过程叫作充电。

在充电期间,电流从电池的正极流向电容器。这个电流叫作充电电流。

接着如图 3.22 所示,将开关倒向②侧,静电电容 $C(F)$ 的电容器被连接到电阻上。由于在刚才的充电过程中,电容器两端的电压变为 $V(V)$,所以该电压会驱使电荷移动,此时电流将流向电阻。像这样从充电的电容器中流出电流的过程叫作放电。

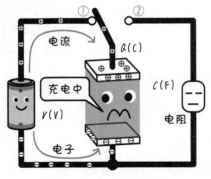

图 3.21 **电容器的充电**

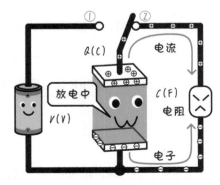

图 3.22 **电容器的放电**

在放电期间,电流从电容器流向电阻。这个电流叫作放电电流。

1

电路的基础

2

直流电路

3

电磁学

4

交流电路

5

电与磁

6

非正弦交流
与瞬态现象

下面，我们来试着求出加载在该电容器上的静电能 W(J) 的大小。电容器的电压 V(V) 和电荷 Q(C) 之间存在 $V = \dfrac{1}{C}Q$ 的关系，如图 3.23 所示，电压随着电荷 Q(C) 的聚集而增加。从图 3.23 可知，把电容器的存储电荷从 0C 充电到 Q(C) 时，电容器两端的平均电压为 $\dfrac{V}{2}$(V)。

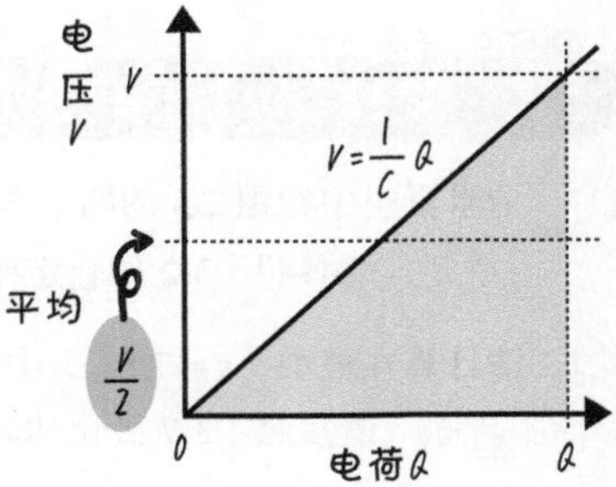

图 3.23 充电・放电时的电荷 Q 和电压 V 之间的关系

同样地，在放电的过程中，电容器的存储电荷从 Q(C) 减少到 0C，电容器两端的电压也会沿着图 3.23 中 V(V) 的曲线变化。电容器的平均电压还是 $\dfrac{V}{2}$(V)。

如 2-17 章节中说明的那样，1V 的电位差之间移动 1C 的电荷所需的能量为 1J，所以使 Q(C) 的电荷在 $\dfrac{V}{2}$(V) 的电压间移动时所需的能量 W(J) 可表示为

$$W = \frac{V}{2}Q$$

对上式进行变形，

将 $Q = CV$ 代入得：$W = \dfrac{V}{2}CV = \dfrac{1}{2}CV^2$

将 $V = \dfrac{Q}{C}$ 代入得：$W = \dfrac{Q/C}{2}Q = \dfrac{1}{2}\dfrac{Q^2}{C}$

这些静电能的表示式的前面都带有系数 $\dfrac{1}{2}$。很多人经常会忘记它，请注意。

● 例　让我们来计算一下向 **1μF** 的电容器施加 **100V** 电压时，静电能的大小。

答　$W = \dfrac{1}{2}CV^2 = \dfrac{1}{2} \times 1 \times 10^{-6} \times 100^2 \text{J} = 0.5 \times 10^{-2}\text{J} = 5\text{mJ}$

问题 3-5　试求出当 1μF 的电容器中存储了 1mC 的电荷时的静电能。

答案在 P.193

第 3 章　练习题之一

[1]　请求真空中相距 2m 的两个电子之间的作用力。

　　提示　请参照「3-2 库仑定律」

[2]　请计算在玻璃（$\varepsilon = 7.5\varepsilon_0$）中相距 2m 的两个电子之间的作用力。

　　提示　请参照「3-7 极化和介电常数」

[3]　在 3V/m 的电场中放置 0.2C 的电荷时，求出作用于该电荷的力。

　　提示　请参照「3-3 电场」

[4]　4C 的电荷产生的电通量是多少?

　　提示　请参照「3-3 电场」

[5]　试着计算一下平行平板电容器的静电电容。
　　板的面积为 $10cm^2$、板的间隔为 1mm、板间为真空（$\varepsilon = \varepsilon_0$）。

　　提示　请参照「3-8 电容器」

[6]　求出并联两个 1μF 电容器时的合成静电容量。

[7]　有很多 1μF 的电容器，但无论如何都需要电容为 5μF 的电容器。该怎么连接呢?

答案在 P.193~P.194

努力解答吧!

1 电路的基础

2 直流电路

3 电磁学

4 交流电路

5 电气测量

6 非正弦交流、瞬态现象

COLUMN 非常相似：重力和库仑力

作用于电荷的力有时也被称为库仑力，库仑定律表示的库仑力是什么样的呢？根据公式，有电荷 Q_1(C) 和 Q_2(C)，它们之间的距离为 r(m)，此时产生的相互作用力 F(N) 为

$$F = k\frac{Q_1 Q_2}{r^2}（参照「3-2 库仑定律」）。$$

其实，引力可以用和库仑定律几乎相同的公式表示。例如，假设太阳的质量为 M_1(kg)，地球的质量为 M_2(kg)，太阳和地球的距离为 R(m)。此时，在太阳和地球之间产生的引力 F_g(N) 为

$$F_g = G\frac{M_1 M_2}{R^2}$$

这和库仑定律非常的相像，G 被称为万有引力常数，测量结果为 $G = 6.67 \times 10^{-11} \text{m}^3\text{kg}^{-1}\text{s}^{-2}$。

3-12 ▶ 磁铁性质、电磁力的发现

【磁铁的性质之 1】

相同的极性相互排斥， 不同极性相互吸引。

这里我们复习一下磁铁的基本性质吧。首先磁铁的性质和电荷很相似。作用于电荷的力，在电荷符号相同的情况下，表现出排斥力，在符号不同的情况下表现出吸引力。

磁铁的端部或者说是磁铁上磁性最强的部分叫作磁极。磁极有两种，分别被称为 N 极和 S 极。如图 3.24 所示，同一种类的磁极相互排斥，不同种类的磁极相互吸引。

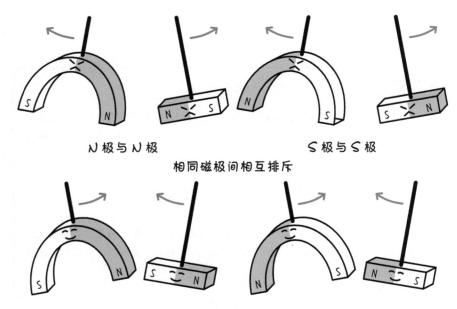

N 极与 N 极　　　　　　S 极与 S 极

相同磁极间相互排斥

N 极与 S 极　　　　　　S 极与 N 极

不同磁极间相互吸引

图 3.24　磁铁的性质

1
电路基础

2
直流电路

3
电磁学

4
交流电路

5
电气测量

6
非正弦交流
瞬态现象

? ▶【磁铁的性质之 2】

N 极和 S 极总是成对出现。

　　磁铁有一处和电荷不同的地方。正电荷和负电荷可以分别单独存在的。但是在磁铁中，N 极和 S 极一定是成对出现的。这是磁铁的第二个基本性质。如图 3.25 所示，即使不断地把磁铁切成两半，也会像千岁糖[⊖] 一样出现新的 N 极和 S 极对。

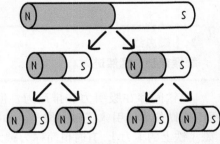

图 3.25　将磁铁对半切开：如同千岁糖的分裂一样

? ▶【电流的能力】

电流能产生像磁铁一样的功能。

　　十分令人惊讶！电流产生了磁铁一样的功能。这个现象是一位叫奥斯特的老师在上课时偶然发现的。据说在课上摆弄实验装置的时候，碰巧注意到了这种现象。如图 3.26 所示，当有电流通过的导线接近指南针时，指南针就动了。这个由电流产生的力叫作电磁力。

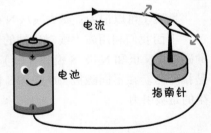

图 3.26　**奥斯特老师的实验**

　　这是一个非常了不起的发现，"电能生磁"这一现象在实践中得到非常广泛的应用。这是因为可以通过控制电流（例如将开关 ON/OFF 等）来控制由电流产生的磁场力（排斥力或吸引力）。接下来的章节，我们就这个电流具有磁铁一样的性质进行详细的理论说明。

⊖　千岁糖里可没有磁极哦。

3-13 ▶ 磁力线

▶【磁力线】
缓缓走出，猛然进入。

　　磁铁间存在吸引力和排斥力，但我们无法看见。因此，为了表示作用于磁铁的力，引入了磁力线[⊖]。如字面所示，是用「线」来表示作用于「磁」铁上的「力」，有时也简称为磁力线。磁力线有 3 个性质。

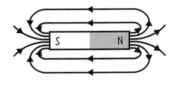

3 个性质　{ ①从 N 极出发，结束于 S 极。
②相互间不会相交，互相排斥。
③像橡胶一样想要收缩。

图 3.27　**磁力线**

　　性质①可以记为：磁力线从 N 极出发，截止于 S 极。
　　下面我们利用磁力线对磁铁的性质进行说明。如图 3.28 所示，在相同的磁极（N 极和 N 极 /S 极和 S 极）中，根据性质②可知相同磁极间产生的是排斥力。在不同磁极（N 极和 S 极）中，根据性质③可知不同磁极间产生的是吸引力。

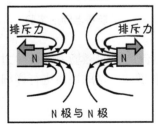 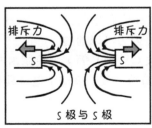 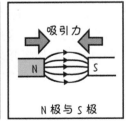

图 3.28　**磁力线可以说明磁铁的性质**

⊖　在描述对电荷作用的电场时，引入了电力线，这里引入磁力线，其实二者的想法是一样的。

1 电路的基础

2 自我检测

3 电磁学

4 交流电路

5 阻抗滤波

6 非正弦交流
暴示波器

▶【电流形成的磁场线】

尝试用右手螺旋法则。

在 3-12 节中，说明了电流具有「磁铁的性质」。这也可以理解为电流通过自身「产生的磁力线」产生了「磁铁的作用」。图 3.29 描述了电流产生的磁力线方向。右手螺旋的旋转方向刚好对应了磁力线的方向，前进方向对应了电流的方向。

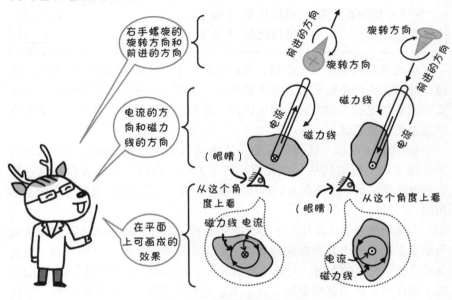

图 3.29　电流产生的磁力线

图 3.29 的电流和磁力线是以立体的方式来描绘的，在这里我们介绍一种可以在纸面上，也就是平面上将纵深的信息表达出来的标记方法。请注意在图 3.29 的底部出现有 ⊗ 和 ⊙ 的记号。⊗ 代表的方向是从观察者射向纸面，⊙ 代表的方向是从纸面射向观察者。如图 3.30 所示，⊗ 表示沿着箭头方向从表面向里看，⊙ 表示沿着箭头方向从里面向表面看。

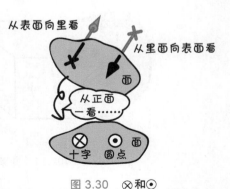

图 3.30　⊗ 和 ⊙

3-14 ▶ 弗莱明左手法则

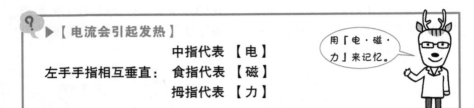

【电流会引起发热】

中指代表 【电】

左手手指相互垂直： 食指代表 【磁】

拇指代表 【力】

用「电·磁·力」来记忆。

电流和磁铁相互发生作用，所以如果一个存在磁力线的地方有电流通过，此时就会产生电磁力。弗莱明的左手法则以一种非常易于理解的方式告诉我们该电磁力的方向。很久以前，弗莱明老师设计它是为了让学生在课堂上更容易理解。

如图 3.31 所示，让我们分析一下电流在两个磁铁之间通过时电磁力的作用方向。磁力线从 N 极出来，进入 S 极，所以它们的方向是从左到右。电流是从另一边流向我们这边（由里往外），所以此时电磁力是向上作用的。

弗莱明的左手法则用左手的手指来表示，如图 3.31 所示。图 3.31 中也显示了手指与各个量方向间的对应关系。中指表示「电」流的方向，食指表示「磁」力线的方向，大拇指表示「力」的方向，所以按照「电·磁·力」这个顺序来记忆会比较容易。为了不忘记哪个手指代表的是哪个量，记住大拇指最有「力量」代表「力」的方向⊖。

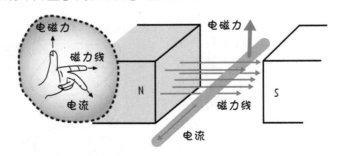

图 3.31 **弗莱明的左手法则**

⊖ 在日语中，大拇指通常代表家里的父亲，父亲在家庭中往往最有力量，所以大拇指代表电磁力的方向。这样也便于记忆。

现在，我将从磁力线的性质来解释为什么电磁力的方向遵循弗莱明左手法则。从正面观察图 3.31，就如图 3.32 所示。左图是合成磁力线之前的图，磁铁产生从 N 极朝向 S 极的磁力线。电流在右螺旋的旋转方向上形成磁力线，呈圆形。在（a）附近，磁铁形成的磁力线和电流形成的磁力线的方向是相反的。相反，在（b）附近，磁铁形成的磁力线和电流形成的磁力线的方向是相同的。

由磁铁产生的磁力线和电流产生的磁力线合成的结果如图 3.32 的右图所示。在圆形顶部附近，反向的磁力线相互抵消，就不怎么有磁力线了，磁力线可以说是「稀疏」。在圆形底部附近，同向的磁力线相互增强，有很多磁力线，磁力线可以说是「密集」。

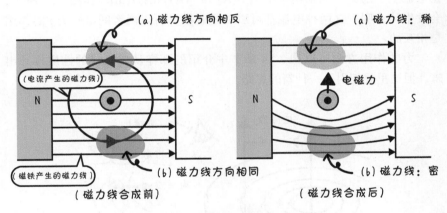

图 3.32　图 3.31 的正面图

磁力线具有相互排斥的性质，因此会对通过电流的导线产生一个从（b）指向（a）的方向的力。这样作用在电流上的力会驱使磁力线的密度在密集的地方和稀疏的地方变得均匀[⊖]。

如上所述，根据磁力线的性质可以推导出弗莱明的左手法则，但如果每次都要描绘磁力线的话就很麻烦了。将左手的三个手指的对应关系记为电、磁、力」，这样会十分方便记忆。

⊖　这可以想象成在烧水洗澡时，热的部分的热量传递到冷的部分，最终热量均匀分布。

3-15 ▶ 磁通密度

▶【电流之间产生电磁力】

让我们一次考虑一个。

电流具有磁铁的性质。因此，当电流通过有磁铁的地方（或者更准确地说，在有磁力线的地方）时，电流就像磁铁一样，会有一个电磁力作用在电流上。那么，如果两个电流 I_1(A) 和 I_2(A) 相距 r(m)，如图 3.33 所示，会发生什么呢？这两种电流都可看成是磁铁，所以两者间电磁力 f 的作用是相互的。

力的作用方向可以像 3-14 章节中介绍的那样从磁力线的性质推导出来，但这里我们引入一种新的思路。

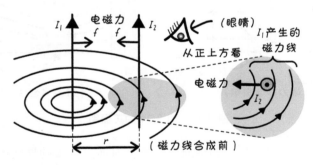

图 3.33　作用在两个电流上的力

如果使用 3-14 章节的想法，我们将不得不绘制两组磁力线，一组由 I_1(A) 产生，另一组由 I_2(A) 产生，并将它们合成。在这里，相反地我们认为由于所受到 I_1(A) 所产生的磁力线的影响，产生了作用在 I_2(A) 上的电磁力 f ⊖ 。

在图 3.33 的右侧，从正上方显示了电流 I_2(A)。由 I_2(A) 产生的磁力线在此图中没有被描绘出来。电流用圆点符号⊙描绘。现在试着利用 3-14 章节中的弗莱明左手法则。可以看出，电磁力的方向是向左的。

⊖　当然，反之亦然，电磁力 f 被认为是 I_1 受到由 I_2 产生的磁场线的影响而产生的。

1 电流的基础

2 直流电路

3 电磁学

4 交流回路

5 电与测量

6 非正弦交流·碳交验验·

问题3-6 请确认在图 3.33 中作用于 I_1(A) 的力的方向是向右的。

答案在 P.194

已知此时作用的电磁力 f(N/m)（单位米的电流）与 I_1(A) 和 I_2(A) 成正比，与 r(m) 成反比，如果设此时的比例常数为 k 有：

$$f = k\frac{I_1 I_2}{r}$$

来表示，该式中的比例常数 k 的确定方法如下。

设 $I_1 = I_2$、$r = 1\text{m}$，当 $f = 2 \times 10^{-7}$(N/m) 时，将此时通过电流 $I_1 = I_2$ 的大小定义为 1A [⊖]，于是 $k = 2 \times 10^{-7}$。

▶【磁束密度】

施加电磁力的能力。

考虑作用在电荷上的力时，我们导入了「电场」这个概念（参照 3-3 章节）。以完全相同的方式，我们导入磁场，也就是能施加电「磁」力的"场"所。磁场是磁力线作用的地方，通过磁通密度这个物理量来表示能产生电磁力大小的能力。磁通密度的单位是特斯拉，用 T 来表示。

与电流 I_1(A) 相距 r(m) 的地方产生的磁通密度 B_1 的定义为

$$B_1 = k\frac{I_1}{r}$$

于是，作用于电流 I_1(A) 的力为

$$f = B_1 I_2$$

也就是说，可以不需要知道 I_1(A) 的电流值是多少，只要知道 I_2(A) 处的磁通密度 B_1(T)，就可以知道作用在 I_2(A) 处的电磁力的大小了。

另外，为了使公式看起来更美，这里用 $k = \dfrac{\mu_0}{2\pi}$ 来替代，得到：

$$B = \mu_0\frac{I}{2\pi r}$$

这个 $\mu_0 = 2\pi k = 4\pi \times 10^{-7}$ 被称为真空的磁导率，单位为亨利每米（H/m）。

⊖ 这是对电流大小的定义。根据此定义，电荷的单位（C）也是由「电荷＝电流 × 时间」所决定的。

3-16 ▶ 安培定律

▶【安培定律】
根据环路上的磁通密度可以计算电流。

如 3-15 节中出现的那样，如图 3.34 所示，直线导线中通过的电流 I(A) 在距离 r(m) 的地方产生的磁通密度 B(T) 为

$$B = \mu_0 \frac{I}{2\pi r}$$

该磁通密度如图 3.34 所示，该磁通密度的大小在图 3.34 中的圆环上始终相同。把这个式子稍微变形一下会出现一个有趣的形式。等式两边同乘以 $2\pi r$[半径为 r(m) 圆的周长]，可得到

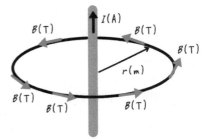

图 3.34　**直线导线中的电流·圆环状的磁通密度**

$$B \cdot 2\pi r = \mu_0 I$$

这个方程可以用以下文字表示，

（磁通密度）×（沿磁通密度的长度）=（真空的磁导率 μ_0）×（电流）

如果我们知道像圆状的环路[⊖]上的磁通密度，就可以求出该环路中的电流。以此类推，可得到一个在更加广泛的范围可适用的定律，就是安培定律。

如图 3.35 所示，电流在柔软的导线中流动，而且有多条导线 [I_1(A) 和 I_2(A)]。假设有一条路径（一定要是闭合的），沿着该路径上的磁通密度

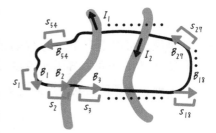

图 3.35　**一般情况下绘制的电流和磁通密度**

⊖　更加专业的术语是「闭合曲线」。

被设为 B_1、B_2、B_3、$\cdots$、B_{54}[一]。此外，磁通密度对应的路径长度分别被设为 s_1、s_2、s_3、$\cdots$、s_{54}。

安培定律对图 3.35 中的情况描述如下：

$$B_1 s_1 + B_2 s_2 + B_3 s_3 + \cdots + B_{54} s_{54} = \mu_0 I_1 - \mu_0 I_2$$

这个方程[二]可以用以下文字表示：

（（磁通密度）×（沿着磁通密度的长度））的总和
　　＝（（真空的磁导率 μ_0）×（电流））的总和

这种关系就是安培定律。

接下来，让我们马上利用安培定律求出线圈中心产生的磁通密度的大小。线圈是一个缠绕在一起的导体，如图 3.36 左侧所示。但是，为了便于计算，假设线圈为无限长。如图 3.36 右侧所示，将线圈切成两半，从正对面看，电流的方向用 ⊗ 和 ⊙ 表示。

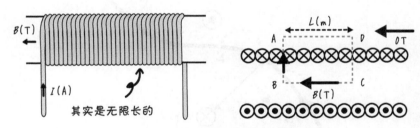

图 3.36　求一个无限长的线圈中的磁通密度

线圈的匝数被设为单位米为 n 匝。在图 3.36 中，假设一个横向长度为 L(m) 的长方形，在这个闭合的长方形路径上应用安培定律。在线圈外以及与线圈垂直方向（AB 边和 CD 边）上的磁通密度都为 0(T)，长方形中有 nL 条的电流为 I(A) 的导线，所以，

$$(左边) = 0 \cdot \overline{AB} + B \cdot \overline{BC} + 0 \cdot \overline{CD} + 0 \cdot \overline{DA}、\quad (右边) = \mu_0 \cdot nLI$$

因此，再根据 $B \cdot L = \mu_0 nLI$，求出 $B = \mu_0 nI$，这就是线圈中心的磁通密度。

[一]　图中将路径分割成 54 段，但你也可分割成任意个数。

[二]　I_2(A) 为负数，这是由于在图 3.35 中 I_2(A) 产生的磁通密度与图 3.35 中描绘的磁通密度方向相反。

1 电路的基础

2 直流电路

3 电磁学

4 交流电路

5 电器与电磁波

6 非正弦交流和瞬变现象

3–17 ▶ 比奥·萨伐尔定律

▶【比奥·萨伐尔定律】
每部分电流所产生的磁通密度是可以详细知道的。

到目前为止，我们已经研究了直线电流和圆形电流产生的磁通密度。换句话说，必须先确定电流路径的形状。此处介绍的比奥·萨伐尔定律是表示只有一部分流动的电流的情况所产生的磁通密度。

假设电流 I(A)，如图 3.37 所示，通过一个柔软的路径。在这个电流的左侧，磁通密度的方向是朝外，用⊙来表示，电流的右侧，磁通密度的方向是向内，用⊗来表示。

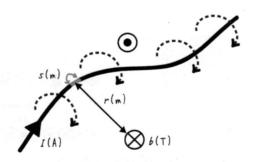

图 3.37　**片段电流产生的磁通密度 b**

在这里，我们只考虑长度为 s(m) 的这段彩色部分的电流⊖　。当把这一部分电流产生的磁通密度设为 b(T) 时，比奥·萨伐尔定律告诉我们：

$$b = \frac{\mu_0}{4\pi}\frac{Is}{r^2}$$

利用这个法则，试着求出如图 3.38 所示的圆形电流中心产生的磁通密度 B。将通过电流的圆环分割，分割后的各个片段用序号（1）、（2）、（3）、…来表示。然后确定每个片段电流所产生的磁通密度，以及对应片段的长度，如表 3.4 所示。

⊖　想象这部分的电流可以被切割成段，以片段的形式存在，这种假想的电流也被称为片段电流。

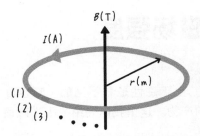

图 3.38 圆环电流所产生的磁通
密度 B(T)

表 3.4　对应表

序号	磁通密度	片段的长度
（1）	b_1(T)	s_1(m)
（2）	b_2(T)	s_2(m)
（3）	b_3(T)	s_3(m)
⋮	⋮	⋮

根据比萨奥伐尔定律

$$b_1 = \frac{\mu_0}{4\pi}\frac{Is_1}{r^2}、\quad b_2 = \frac{\mu_0}{4\pi}\frac{Is_2}{r^2}、\quad b_3 = \frac{\mu_0}{4\pi}\frac{Is_3}{r^3}、\cdots$$

中心磁通密度 B(T) 是这些片段形成的磁通密度的全部总和，因此，

$$B = b_1 + b_2 + b_3 + \cdots$$
$$= \frac{\mu_0}{4\pi}\frac{Is_1}{r^2} + \frac{\mu_0}{4\pi}\frac{Is_2}{r^2} + \frac{\mu_0}{4\pi}\frac{Is_3}{r^2} + \cdots$$
$$= \frac{\mu_0}{4\pi}\frac{I}{r^2}(s_1 + s_2 + s_3 + \cdots)$$

这里片段的长度总和（$s_1 + s_2 + s_3 + \cdots$）与圆周的长度是一致。也就是说，（$s_1 + s_2 + s_3 + \cdots$）= $2\pi r$。因此，

$$B = \frac{\mu_0}{4\pi}\frac{I}{r^2}\cdot 2\pi r = \mu_0\frac{I}{2r}$$

问题3-7　请简要说明安培尔定律和比奥·萨伐尔定律的区别。

答案在 P.194

3–18 ▶ 磁通、磁场强度

有各种各样的量用来表示磁性。由于磁性是看不见的，它也许是在各种反复试错的研究和实验下得到的产物。这里我们介绍一下「磁通」和「磁场强度」这两个量。

?▶【磁通（量）】
磁通密度乘以面积。

人口密度乘以面积，就是该地的人口（参照 3-5 节）。与此相同，磁通密度乘以面积即被称为磁通量。单位叫作韦伯，用 Wb 表示。

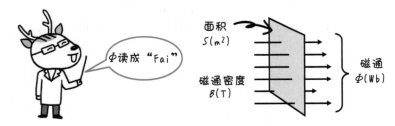

Φ读成"Fai"

面积 $S(\mathrm{m}^2)$

磁通密度 $B(\mathrm{T})$

磁通 $\Phi(\mathrm{Wb})$

图 3.39 **磁通和磁通密度**

如图 3.39 所示，在面积为 $S(\mathrm{m}^2)$ 的区域内，磁通密度为 $B(\mathrm{T})$，该区域中的磁通 $\Phi(\mathrm{Wb})$ 为

$$\Phi = BS$$

可以这样表示。

?▶【磁通密度·磁场强度】
磁通密度由电磁力的强度决定。
磁场强度由电流的强度决定。

到目前为止，我们对电流的流通路径的描述分为（1）直线、（2）线

圈、（3）圆环这 3 种，并分析了它们的磁通密度分布情况（见图 3.40）。

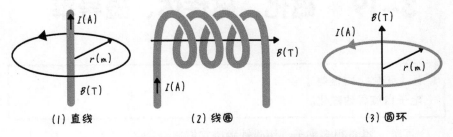

图 3.40　目前为止分析过的电流路径和磁通密度的分布

（1）直线　　　　　（2）线圈　　　　　（3）圆环

如果我们用数学式来表示，我们会得到以下结果（见表 3.5），可以看到它们都与 μ_0 的值相关联。我们把 $B = \mu_0 H$，引入 H 这个量。由于 $H = \dfrac{B}{\mu_0}$，这样 H 中就不包含 μ_0 了。

表 3.5　对应表

形状	磁通密度	H 的表达式
（1）直线	$B = \mu_0 \dfrac{I}{2\pi r}$	$H = \dfrac{I}{2\pi r}$
（2）线圈	$B = \mu_0 nI$	$H = nI$
（3）圆环	$B = \mu_0 \dfrac{I}{2r}$	$H = \dfrac{I}{2r}$

从 H 的表达式上来看，包含有「电流」和「与电流的距离」这两个变量。只要知道这两个变量的具体值，就能求出 H。换句话说，H 这个表示磁性的量是由测得电流的大小所决定的。这个 H 被称为磁场强度或简称为磁场。它的单位是每米安培，记为 A/m。

与此相对应，正如我们在 3-15 章节中所学到的，磁通密度为

（磁通密度）×（电流）=（电磁力）

也就是说，如果想知道某处通过电流时所受到电磁力的话，只需知道该处的磁通密度和电流即可。简而言之，磁通密度是由电磁力大小来决定的一种用来衡量磁性的量。

1 电路基础

2 直流电路

3 电磁学

4 交流电路

5 电气测量

6 非正弦交流现象

3-19 ▶ 磁化、磁性体、磁导率

▶【磁化、磁性体】
电子自旋导致磁化。

课题：准备很多夹子，用磁铁触碰它们。

有趣的现象会出现，如果可以的话请试试看。会怎么样呢？为了有些嫌麻烦的读者，我用图片向你们展示答案。如图 3.41 所示，夹子会连接在一起。那是因为夹子本身会变成磁铁。这种现象叫作磁化，这里我们来学习为什么会发生磁化，磁化会对电磁力产生什么样的影响。

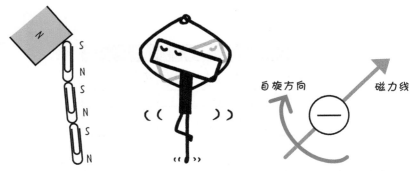

图 3.41　被磁化的夹子　　图 3.42　电子的自旋　　图 3.43　电子的旋转与磁力线

原来，磁化的发生是因为物质中电子的自旋。电子的自旋意味着它们是在运动。电流是由运动电子所产生的，不是吗？而且有电流的通过就意味着会产生磁力线。电子的流动方向和电流的流动方向是相反的，所以电子的旋转方向和磁力线之间的关系如图 3.43 所示。

如图 3.44 所示，假设最初物质中的电子产生的各个磁力线是处于散乱的状态 a）。然后，从外部强制施加磁力线，然后使物质内各个磁力线的方向一致 b）。此时，即使移除了外部的磁力线，电子产生的磁力线也排列整齐。这意味着该物质已经被磁化，成为了一块磁铁。在阶段 b）中磁力线容易被对齐，也就是容易发生磁化的物质叫作磁性体。

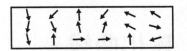

a) 最初是散乱的状态

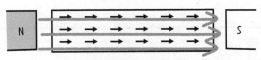

b) 从外部强制施加磁力线

c) 磁力线被整齐对齐

图 3.44　磁化的机制

1
电路的基础

2
直流电路

3
电磁学

4
交流电路

5
电气测量

6
非正弦交流
电气测量

？　▶【磁导率】

发生磁化时电磁力会变强。

　　物质发生磁化时，物质内的磁力线会增加，使磁通密度变大。在真空的环境下，通过电流产生磁通密度和在磁性体中通过电流而产生磁通密度，这二者的磁通密度的大小是不同的。

　　由于磁化引起的磁通密度的增加程度，通常采用磁导率 μ(H/m) 这个物理量来衡量。因此，磁通密度和磁场强度有如下关系：

$$\boxed{真空中}\quad B = \mu_0 H \qquad \boxed{磁性体中}\quad B = \mu H$$

　　总之，只要将真空的磁导率 μ_0 在磁性体中转换成 μ 来使用就可以了。磁导率越大，越容易发生磁化，磁通密度也越大。

问题 3-8　铁的磁导率约为 $\mu = 200\mu_0$，铝的磁导率约为 $\mu = 1.00002\mu_0$。请将磁铁靠近铁和铝，亲身感受一下这两种材料磁导率的不同。

答案在 P.194

3-20 ▶ 磁化曲线

磁性体通常是比较不稳定的，让我们给它施加一些外部因素看看会如何变化吧。如图 3.45 所示，对磁力线最初指向右侧的磁性体 a），从外部施加反方向的磁力线来强行转换其磁极。由于电子的自旋方向同时改变，产生了摩擦而进而发热 b）。当磁极方向调整完成后，此时磁性体内的磁力线都指向左侧 c）。再次通过施加外部的磁力线使状态 d）的磁性体回到最初的状态 a）。此时，磁性体本身会再次产生热量。

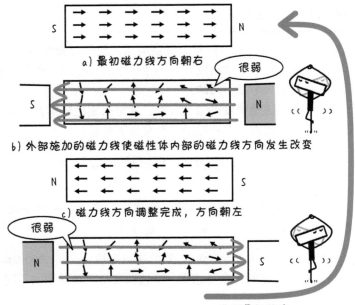

a）最初磁力线方向朝右

很弱

b）外部施加的磁力线使磁性体内部的磁力线方向发生改变

c）磁力线方向调整完成，方向朝左

很弱

回到最初状态

d）再次调整磁性体内的磁力线方向，使其回到最初状态

图 3.45　对磁性体进行扰动，会使其产生热量

像这样，当磁场强行作用于磁性体时，就会产生热量。如果反复进行

这个过程，磁性体就会不断产生热量。这种由于发出的热量而造成的能量损失被称为滞后损失。

那么我们再详细分析一下这个现象吧。我们试着用 $H(A/m)$ 表示从外部强制施加的磁场强度，用 $B(T)$ 表示由此磁化引起的磁通密度（如图 3.46 所示）。

首先，从原点 0 出发，慢慢增加 $H(A/m)$，磁通密度也随着 H 的增加逐渐到达 a 点，接下来，逐渐减少 $H(A/m)$，此时磁通密度 $B(T)$ 不会像 $a \to 0$ 那样原路返回。磁通密度 $B(T)$ 先是保持不变，然后再以缓慢的速率减小，保持比以前更高的磁通密度的同时渐渐降低。这种延缓磁通密度的变化的现象也就是滞后现象。

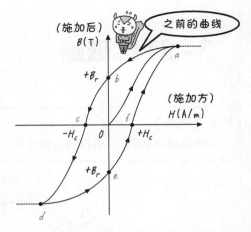

图 3.46　磁化曲线、变化的滞后

当 $H(A/m)$ 为零点时，此刻磁通密度并不为零，这种残留的磁通密度 $B_r(T)$ 称为残留密度。接下来，即使反向施加 $H(A/m)$（设为负值），磁通密度也暂时不会为零。c 点⊖的磁通密度达到零点时的磁场强度 $H_c(A/m)$ 称为保磁力。

从 c 点开始进一步向相反方向加大磁场强度 $H(A/m)$，直到到达饱和 d 点。后面的 $d \to e \to f \to a$ 的过程和之前是一样的。

图 3.46 中的曲线，即 $B(T)$ 相对于 $H(A/m)$ 的增加或减少，以不同的路径增加或减少的曲线为磁滞回路。磁性体的这种特性也被称为磁滞回路特性。磁滞损失与磁滞环的面积成正比。

磁性体的这种性质虽然有些烦人，但是它也被人类有效地利用起来了。如 IH 电磁炉等就是利用这种滞后损失产生的热量来加热锅具的。

⊖　在 c 点，由于 $H = -H_c$，所以我们只需要知道大小，就不需要加号或减号。

3-21 ▶ 磁路

▶【磁路】

和电路基本相同， 也存在欧姆法则。

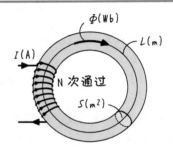

图 3.47　**环状铁心：它可以传导磁通**

如图 3.47 所示，一个中心周长为 L(m)、截面积为 S(m²)、磁导率为 μ(H/m) 的环形状的铁心，让我们向铁心中注入磁力线。该怎么办？就是将导线缠绕起来，形成线圈，给线圈通上 I(A) 的电流。于是，线圈的内部，也就是铁心中产生磁通密度，中间产生为磁通 Φ(Wb)。

这种情况下，让我们来分析此刻外部施加的电流 I(A) 和铁心中通过的磁通 Φ(Wb) 之间的关系。首先，为了分析外部施加的电流和铁心内部的磁通密度 B(T) 之间的关系，以圆环的中心线作为一个环，利用安培定律（参照 3-16 章节）。这个在中心线上磁通密度大小始终恒定为 B(T)，线圈电流 I(A)N 次通过该环路，因此

（（磁通密度）×（沿着磁通量分布的长度））的总和 = $B \cdot L$

（（磁导率 μ）×（电流））的总和 = $\mu \cdot NI$

因此，$BL = \mu NI$。磁通 Φ 为

$$\Phi = BS^{\ominus} = \frac{\mu NI}{L}S$$

⊖　请参照「3-18 磁通·磁场强度」章节。

对上式进行变形得到，

$$\Phi = \frac{NI}{\dfrac{1}{\mu}\dfrac{L}{S}}$$

将分子记作 $F_m = NI(\mathrm{A})$，将其称为磁动势；将分母记为 $R_m = \dfrac{1}{\mu}\dfrac{L}{S}$ (A/Wb) 将其称为磁阻。于是之前的式子变为

$$\Phi = \frac{F_m}{R_m}、\text{磁通} = \frac{\text{磁动势}}{\text{磁阻}}$$

这跟电路中电流为 $I(\mathrm{A})$、电压为 $V(\mathrm{V})$、电阻为 $R(\Omega)$ 时的欧姆定律十分类似，

$$I = \frac{V}{R}、\text{电流} = \frac{\text{电压}}{\text{电阻}}$$

与电路的欧姆法则相对应，把 $\Phi = \dfrac{F_m}{R_m}$ 的关系称为磁路的欧姆法则。对应关系如图 3.48 和表 3.6 所示。

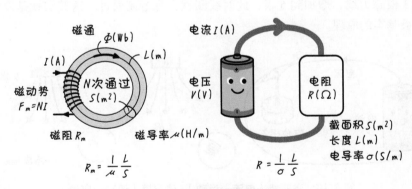

图 3.48　磁路与电路的对应关系

表 3.6　磁路与电路的对比

磁路		电路	
磁动势	F_m	电动势	V
磁通	Φ	电流	I
磁阻	R_m	电阻	R
磁导率	ν	电导率	σ

3-22 ▶ 法拉第定律、楞次定律、弗莱明右手法则

▶【法拉第定律】

了不起的法拉第发现了「当线圈内的磁通量发生变化时会产生电流」这一现象。

这是法拉第最伟大的发现之一。如果没有这一发现，现代社会的生活是无法想象的。这是因为"造就不出发电机"。电池程度的电力并不能满足现代文明所需要的电能。目前，将水力、石油、原子能等能源转化为动能，用于驱动发电机。然后转动发电机来供应电力。

正如 3-12 节中介绍的那样，电流能产生电磁力。法拉第认为，相反地，能否通过电磁力来制造出电流呢？这是一个非常伟大的想法。

如图 3.49 的右侧所示，尝试改变通过线圈的磁通量。将最初通过线圈的 3 根磁力线，增加到 5 根，此时线圈就会有电流通过。这其实就是发电机最基本的原理。

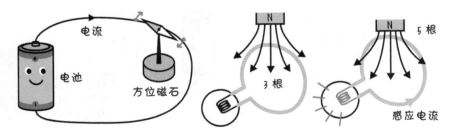

图 3.49　奥斯特（电流→运动）、法拉第（运动→电流）

由于磁通量变化而产生的电流叫作感应电流。另外，把此时产生的电动势称为感应电动势。法拉第定律告诉我们这个感应电动势的具体的大小值。N 匝线圈中 $\phi(\mathrm{Wb})$ 磁通量每秒变化时产生的感应电动势 $v(\mathrm{V})$ 为

$$v = N\frac{\phi}{t}$$

变成这样。

1 电路的基础

2 直流电路

3 电磁学

4 交流电路

5 电路与磁路

6 非正弦交流·瞬态现象

▶【楞次定律】

发电时， 电流反向流动。

　　如图 3.49 所示，感应电流的方向朝着阻碍磁通量变化的方向流动。图 3.49 的情况下，当向下的磁通量增加，感应电流会以产生向上的磁通量的方式流动。

▶【弗莱明右手法则】

电流→电磁力用左手。 运动→电流用右手。

　　如图 3.50 所示，磁通量从右指向左，将导线向上移动时，产生的感应电流的方向可以通过右手的 3 根手指求出。大拇指对应移动方向，食指对应磁力线，中指对应感应电流的方向。

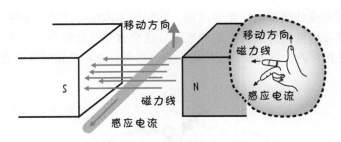

图 3.50　弗莱明的右手法则

　　经常会把弗莱明的左手和右手法则相混淆，左手应用在通过电流获得电磁力，而右手则应用在从运动中获得电流。

图 3.51　左手和右手

99

3-23 ▶ 表示线圈的物理量（自感）

【自感】
发出的磁力线越多， 感应电动势也越大。

到目前为止，我们一直模糊地将一圈圈卷起来的电线称作线圈，这里我们要明确下能表示线圈的物理量。

线圈中通过电流时会产生磁通量，而当线圈内的磁通量发生变化时，也会产生电流。通过线圈的物理量用来描述这个变化的程度。这个物理量被称为自感或电感，单位是亨利，使用的符号是 H。

如图 3.52 所示，线圈中通过 $I(A)$ 的电流时，会产生 $\Phi(Wb)$ 的磁通量。

通过电流使线圈内产生磁通量，同时线圈内也会产生一个感应电动势 $V(V)$，借此来抵消外部的电池的电压。这个感应电动势与产生电流的电动势方向是相反的，称为反向感应电动势。另外，这种现象叫作自我感应。

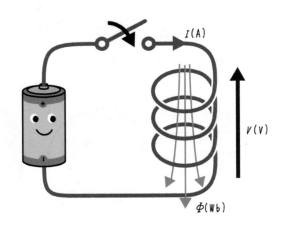

图 3.52　如何决定自感

假设 t 秒内线圈中的电流达到 I(A)。在这个时候，

$$V = L\frac{I}{t}$$

式中的比例常数 L 被定义为自感。假设线圈的匝数为 N，则根据法拉第定律，

$$V = N\frac{\Phi}{t}$$

所以，

$$L\frac{I}{t} = N\frac{\Phi}{t} \quad 变换为 \quad L = N\frac{\Phi}{I}$$

L 可以表示为上式那样。线圈的自感 L 与匝数 N 和 $\frac{\Phi}{I}$ 相关联。在匝数 N 不变的条件下，如果电流越小，磁通量的变化越大，说明线圈的自感 L 也就越大。

● 例　**在缠绕 100 匝的线圈内，磁通从 0.1mWb 变为 0.2mWb 的时候，产生了 1A 的感应电流。求这个线圈的自感。**

答　磁通的变化量为，$0.2\,\mathrm{mWb} - 0.1\,\mathrm{mWb} = 0.1\,\mathrm{mWb}$，所以

$$L = N\frac{\Phi}{I} = 100 \times \frac{0.1 \times 10^{-3}}{1}\,\mathrm{H} = 0.01\mathrm{H} = 10\mathrm{mH}$$

问题 3-9　在 1 匝线圈内，磁通从 0.1mWb 变化到 0.2mWb 时，产生了 0.1mA 的感应电流。想制造 10mH 的线圈时，该线圈缠绕几次好呢？

答案在 P.195

1 电路的基础

2 直流电路

3 电磁学

4 交流电路

5 电气测量

6 非正弦交流

3-24 ▶ 电磁能

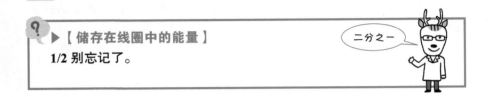

▶【储存在线圈中的能量】

1/2 别忘记了。

二分之一

这里的内容几乎和 3-11 章节一样。考虑线圈储存的电磁能，与考虑储存在电容器中的静电势能在形式上非常相似。

线圈可以将电磁能作为能量加以储存，这个能量叫作电磁能。在此，将电磁能，试着用线圈的电感和通过的电流来表示。

首先，如图 3.53 所示，将开关倒向①侧，将生成自感 L(H) 的线圈连接到 V(V) 的电源上。此时，假设在 t 秒钟内电流从 $i = 0$A 增加到了 $i = I$(A)。这个过程就是给线圈的充电。

接下来，如图 3.54 所示，将开关倒向②侧，使自感 L(H) 的线圈连接到电阻上。线圈由于自感，线圈有一个 V(V) 的反向感应电动势。该电压驱使电荷向电阻移动，从而产生电流。这个过程就是线圈的放电。

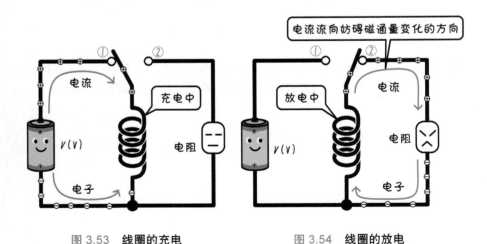

图 3.53　线圈的充电　　　　图 3.54　线圈的放电

现在我们来看看这个线圈中储存的电磁能量 W(J) 是多少。由于充电时储存在线圈中的能量和放电时发出的能量是相同的，所以这里只需要求出充电时的电磁能。如图 3.55 所示，假设电流在时间 t 内，i(A) 从 0A 变化到 I(A)，在 t 时刻，线圈中积累的功率为 $p = Vi$(W)。从图中可以看出，平均 t 时刻内的功率为 $P = \dfrac{VI}{2}$ (W)。

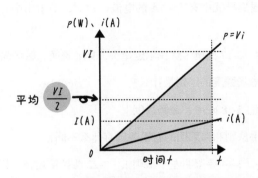

图 3.55　充电时线圈的功率与电流的关系

因此，储存的电磁能是

$$W = Pt = \frac{VI}{2}t \ominus$$

根据法拉第法则 $V = L\dfrac{I}{t}$，所以，

$$W = \left(L\frac{I}{t}\right)\frac{I}{2}t = \frac{1}{2}LI^2$$

这个表示电磁能的公式前面带着 $\dfrac{1}{2}$。经常有人忘记这个，请注意。

● 例　　**让我们来计算一下 1mH 的线圈中流过 1A 的电流时所积蓄的能量。**

答　$W = \dfrac{1}{2}LI^2 = \dfrac{1}{2}\times 1 \times 10^{-3} \times 1^2 \text{J} = 0.5 \times 10^{-3}\text{J} = 0.5\text{mJ}$

问题 3-10　让我们来计算一下 1mA 的电流流过 100mH 的线圈时所积蓄的能量。

答案在 P.195

⊖　参照「2-17 电流的发热、功率、电能」。

第 3 章　练习题之二

[1]　直线导线中通过的电流为 1A，请求出在距离 1m 处产生的磁通密度和磁场强度。

> 提示　参照「3-15 磁通密度」、「3-16 安培定律」、「3-18 磁通、磁场强度」

[2]　半径 1m 的圆形导线中有 $I = 1A$ 的电流通过时，请求出中心产生的磁通密度和磁场强度。

> 提示　参照「3-17 比奥・萨伐尔定律」、「3-18 磁通、磁场强度」

[3]　磁通密度和磁场强度的区别是什么?

> 提示　参照「3-18 磁通、磁场强度」

[4]　弗莱明的左手法则和弗莱明的右手法则有什么不同?

> 提示　参照「3-14 弗莱明左手法则」、「3-22 法拉第定律、楞次定律、弗莱明右手法则」

答案在 P.195

根据提示试着解答吧！

COLUMN　COLUMN 永久磁铁是自然的东西吗? 或者为人造物体?

在 3-19 中，解释了磁性体是如何变成磁化的。那么什么是永久磁铁呢?

永久磁铁是一种被磁化并保持磁化的状态且持续相当长时间的磁体。市面上销售的磁铁通常是利用电磁铁对其进行了强磁化。那么，永久磁铁可以自然生成吗? 实际上，当闪电击中一个良好的磁性体（如容易成为磁铁的石头）时，闪电电流可以形成一个磁场，使石头磁化。过去的人们在用罗盘针（方向磁铁）接近这种石头时，一定会非常惊讶，指针会粘在石头上。这和第 1 章中琥珀的故事有点像，不是吗?

第**4**章

交流回路

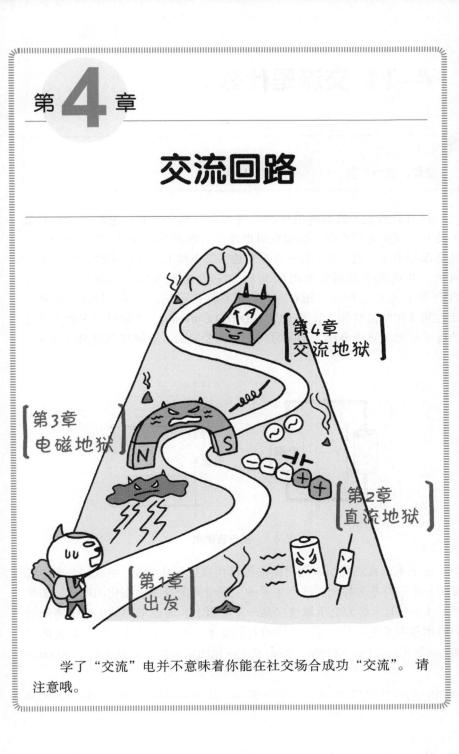

第4章
交流地狱

第3章
电磁地狱

第2章
直流地狱

第1章
出发

　　学了"交流"电并不意味着你能在社交场合成功"交流"。请注意哦。

4-1▶ 交流是什么

【交流】
交替，正负交替。

到目前为止，我们将电压和电流视为总是保持着一定的值，也就是不随着时间变化而变化。比如在以电池作为电源的电路中，电压和电流⊖总是保持不变。假设我们将一个电阻连接到电池上，所构成的电路如图4.1所示，并提取电阻两端的电压 V(V) 和回路电流 I(A)。如图所示，电压 V(V) 和电流 I(A) 的大小随着时间的推移保持不变，即保持恒定。这种不随时间变化的量被称为直流（DC：Direct Current）。不随时间变化而变化的电压被称为直流电压，不随时间变化而变化的电流被称为直流电流。

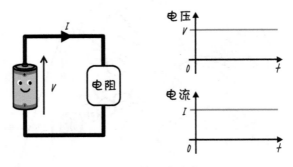

图 4.1　关于直流电

接下来，我们将引入随时间的推移而发生变化的量。在图 4.2 中，电源用一个 ⊗ 符号来标记。这产生了一个随时间的推移而变化的电压。如果把图 4.2 中电压作为电压源连接到一个电阻上，通过电阻的电流也将随时间的推移而发生变化。图 4.2 中的右侧显示了电压和电流波形是如何随时间 t 而发生改变的。这种随时间而发生变化的量被称为交流（AC：Alterna-

---

⊖　如果你观察几秒钟的正常电流消耗，电池电压和电流是恒定的。但是，如果以大约 100 天的时间尺度来看，电池的电压会逐渐降低。这里可以被视为「不随时间变化」的时间尺度是几秒钟。

tive Current）。随时间变化的电压被称为交流电压，随时间变化的电流被称为交流电流。

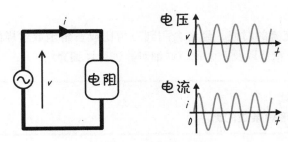

图 4.2　交流的波形

　　交流电流（电压）最显著的一个特征是电流（电压）的方向会随着时间的推移发生交替变化。如图 4.3 所示，值为正数（图中横线上方）和值为负数（图中横线下方）会随时间的推移交替出现。交流也可从字面上直观地理解为「"交换替代"的"电"」。这里，我们把随时间的推移发生变化的电流或电压都统称为交流。

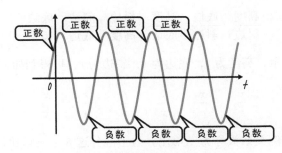

图 4.3　交流是正负值交替出现

　　表示直流的电压和电流通常用大写字母来表示，但是在表示交流时电压和电流用小写字母来表示，具体如下所示。

　　（直流）直流电流 I(A)，直流电压 V(V)
　　（交流）交流电流 i(A)，交流电压 v(V)。

1 电路的基础
2 直流电路
3 电磁学
4 交流回路
5 电气测量
6 非正弦交流

4-2 ▶ 数学知识补充 1: 三角比

在表示交流的时候，经常会用到三角比或三角函数这样的数学工具，我们将在这个章节以及下个章节详细对其进行详细介绍。

> **❓ ▶【三角比】**
> **直角三角形两条边的比。**

首先，在如图 4.4 所示的直角三角形中，「夹角」用 θ 来表示。最长的一边被称为「斜边」，与夹角 θ 相对的一边被称为「高度」，夹角 θ 旁边的边叫「底边」。

三角形有三条边，从这里开始选择任意 2 条边进行比例操作，就可以得到以下 6 个比例关系。

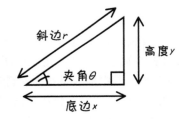

图 4.4　**直角三角形的斜边、高度、底边**

$$\frac{高度}{斜边} \quad \frac{底边}{斜边} \quad \frac{高度}{底边} \quad \frac{斜边}{高度} \quad \frac{斜边}{底边} \quad \frac{底边}{高度}$$

用字母表示，高度为 y，底边为 x，斜边为 r，可得到如下关系，

$$\frac{y}{r} \quad \frac{x}{r} \quad \frac{y}{x} \quad \frac{r}{y} \quad \frac{r}{x} \quad \frac{x}{y}$$

这 6 种比例关系被称为三角比。为了区分这 6 个三角比例关系，我们习惯上用 3 个字母和夹角 θ 来标记这些三角比例关系。

$$\sin\theta = \frac{y}{r} \quad \cos\theta = \frac{x}{r} \quad \tan\theta = \frac{y}{x}$$

正弦　　　　　余弦　　　　　正切

$$\csc\theta = \frac{r}{y} \quad \sec\theta = \frac{r}{x} \quad \cot\theta = \frac{x}{y}$$

余割　　　　　正割　　　　　余切

在表示数学公式时，字母的书写通常采用斜体格式（如 s，i，n），而在表示三角比例关系时，字母的书写格式更多使用的是正体格式（如 s，i，n）。这是因为如果三角函数的符号用斜体书写的话，$\sin\theta$ 看起来和 $sin\theta$ 区别不大，很容易被混淆为是 $s \cdot i \cdot n \cdot \theta$（$s$ 和 i 和 n 和 θ 做乘法计算）。

要全部记住 6 个三角函数是很困难的，但至少要记住其中的三个，sin、cos 和 tan 分别是哪两条边的比值[—]。图 4.5 给出了一个方便记忆的方法。如果你把 s、c 和 t 的写法分别描在一个直角三角形上，就会发现它们刚好都会从对应比例的边上通过。

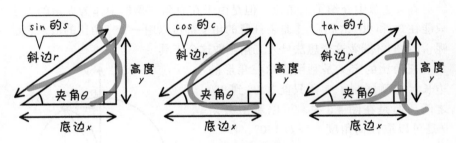

图 4.5　一种记忆的方法

● 例　**$\sin 30°$ 是多少？**

答　如右图所示，在角度为 30° 的直角三角形中，假设夹角为 30°，斜边为 2（也可设为任意的值），这个直角三角形的边根据高度：斜边：底边 = $1 : 2 : \sqrt{3}$ 的关系，底边 = $\sqrt{3}$，高度 = 1。

因此 $\sin\theta = \dfrac{\text{高度}}{\text{斜边}} = \dfrac{1}{2}$。

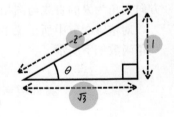

问题 4-1　求 $\cos 30°$、$\tan 30°$、$\csc 30°$、$\sec 30°$、$\cot 30°$。

答案在 P.196

――――――――

[—] csc、sec、cot 其实分别是 sin、cos、tan 的倒数。

4-3 ▶ 数学知识补充 2: 三角函数

> **▶【三角函数】**
> **无论角度为多少（°）都没问题。**

在 4-2 节中介绍了三角比，但是由于在直角三角形中作为夹角的大小只能在 0° 和 90° 之间。「是否任意的角度都可以用一个三角比的值来表示呢」，我们怀揣着这个想法导入三角函数这个工具。

三角比的定义是利用直角三角形的边长，这就限制了夹角只能在 0° 到 90° 之间。但是在图 4.6 中，可以看出夹角 θ 是可以取任何角度（例如 150°、420°、−200° 等）的，此时我们以半径为 r，坐落在圆上的坐标 (x, y) 来定义三角函数。

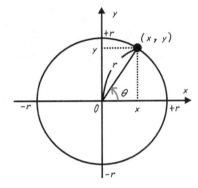

坐标 (x, y) 的定义为与 x 轴的正方向夹角为 θ 的直线与圆相交的点。

对应 4-2 节中所定义的三角比关系，三角函数如下所示。

图 4.6 **三角函数的定义**

$$\sin\theta = \frac{y}{r} \qquad \cos\theta = \frac{x}{r} \qquad \tan\theta = \frac{y}{x}$$

$$\csc\theta = \frac{r}{y} \qquad \sec\theta = \frac{r}{x} \qquad \cot\theta = \frac{x}{y}$$

和 4-2 节中出现的式子是完全相同的。这也是理所当然的，如果夹角 θ 是 0° 到 90° 之间的话，由于是直角三角形，所以得到的值与三角比是相同的，只是三角函数的夹角可以扩展到更大的范围。

可以看出，对任何角度的夹角，三角函数都有相对应的值，我们马上先试着求解夹角为 240° 的值。

 三角形的内角和为 180°，所以非直角的角度被限制在 0° 到 90° 之间。

首先，找出图 4.7 中夹角为 240° 所对应的坐标。假设圆的半径 $r = 1$ [⊖]，请注意图 4.7 中彩色区域的直角三角形。已知这个直角三角形的夹角分别为 30° 和 60°，边长比为 $1 : 2 : \sqrt{3}$，通过这些条件可求得的坐标是 $\left(-\dfrac{1}{2}, -\dfrac{\sqrt{3}}{2}\right)$。由此，我们可知道在夹角为 240° 时 6 个三角函数的具体值。

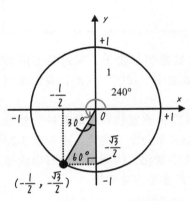

$$\sin 240° = \frac{y}{r} = \frac{-\dfrac{\sqrt{3}}{2}}{1} = -\frac{\sqrt{3}}{2}$$

$$\cos 240° = \frac{x}{r} = \frac{-\dfrac{1}{2}}{1} = -\frac{1}{2}$$

$$\tan 240° = \frac{y}{x} = \frac{-\dfrac{\sqrt{3}}{2}}{-\dfrac{1}{2}} = \sqrt{3}$$

$$\csc 240° = \frac{r}{y} = \frac{1}{-\dfrac{\sqrt{3}}{2}} = -\frac{2}{\sqrt{3}}$$

$$\sec 240° = \frac{r}{x} = \frac{1}{-\dfrac{1}{2}} = -2$$

$$\cot 240° = \frac{x}{y} = \frac{-\dfrac{1}{2}}{-\dfrac{\sqrt{3}}{2}} = \frac{1}{\sqrt{3}}$$

图 4.7　夹角为 240° 的三角函数

表 4.1 给出了一些典型的三角函数值，大家也可试着自行计算验证。

表 4.1　**三角函数的代表性值**

θ	0°	30°	45°	60°	90°	120°	135°	150°	180°
$\sin\theta$	0	$\dfrac{1}{2}$	$\dfrac{\sqrt{2}}{2}$	$\dfrac{\sqrt{3}}{2}$	1	$\dfrac{\sqrt{3}}{2}$	$\dfrac{\sqrt{2}}{2}$	$\dfrac{1}{2}$	0
$\sin\theta$	1	$\dfrac{\sqrt{3}}{2}$	$\dfrac{\sqrt{2}}{2}$	$\dfrac{1}{2}$	0	$-\dfrac{1}{2}$	$-\dfrac{\sqrt{2}}{2}$	$-\dfrac{\sqrt{3}}{2}$	-1
$\tan\theta$	0	$\dfrac{1}{\sqrt{3}}$	1	$\sqrt{3}$	无	$-\sqrt{3}$	-1	$-\dfrac{1}{\sqrt{3}}$	0

⊖　半径的取值可以是任意值，但我们为了计算的简单化，将其设置为 1。你也可以把半径设置为 2。

4-4 ▶ 正弦交流电的产生

? ▶【正弦波交流】
旋转是关键。

　　旋转是一种非常有效的运动方式。人类发明了轮子，通过轮子的旋转，运输得到了发展。旋转的运动方式也被应用于发电。在此，我们说明如何通过旋转产生交流电。

　　如图 4.8 所示，在线圈上连接电阻，在左侧放置装有轴的磁铁，然后试着旋转。随着磁铁的旋转，通过线圈的磁通量会发生变化。正如在 3-22 章节中学到的那样，如果线圈内的磁通量发生变化，线圈中就会有电流通过。如果电阻上有电流流过，线圈两端就会产生感应电动势。

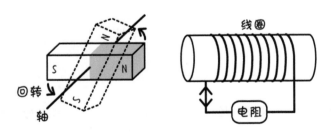

图 4.8　**在线圈附近转动磁铁**

　　如图 4.9 所示，通过磁铁的旋转运动，根据磁铁的旋转角度使得线圈两端会产生相应的电压。当磁铁的 N 极最接近线圈时，此时会产生的电压最大。当磁铁的任何一端离线圈最远时，线圈的电压为零。当磁铁的 S 极最接近线圈时，则产生负的最大电压。

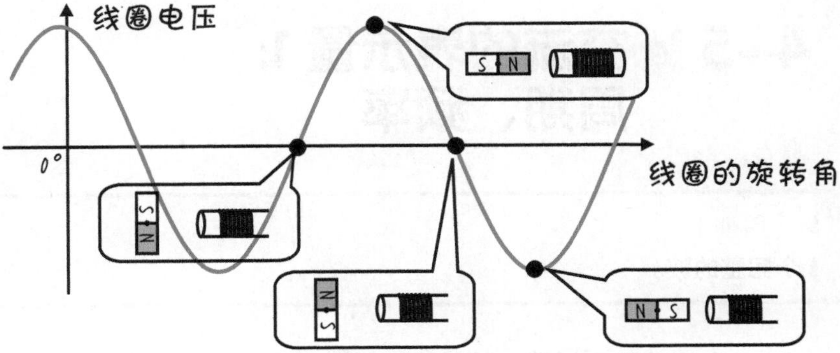

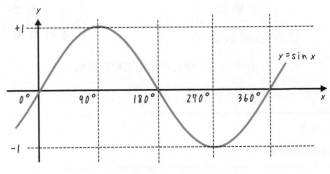

图 4.9　线圈的旋转角和产生电压

　　因此，旋转运动是交流产生的根源。这种旋转运动可以很好地用此前章节介绍过的三角函数来表示。由于三角函数是由坐落在圆上的坐标所决定的，它们提供了一种非常方便的方式来表达旋转角度和产生的电压之间的关系。

　　我们试着在图 4.10 中绘制了三角函数 $y = \sin x$ 的波形，其形状与图 4.9 中的图形非常相似。因此，我们把用三角函数 sin（正弦函数）来表示由旋转运动产生的交流称为正弦波交流。

　　然而，我们也发现二者的图形还是有一些不同的，两个图形之间没有被对齐的，在图 4.10 中，正弦波的最顶部和最底部的值为 ±1。在以下的章节中，我们将详细解释波的横轴（代表时间和角度的关系）和纵轴（代表电压和电流的大小）之间的对应关系。

图 4.10　$y = \sin x$ 的波形

4–5 ▶ 交流的表示量 1: 周期、频率

> **❓ ▶ 【周期】**
> **1 个完整的波。**

　　首先，介绍波的不同部分的名称。如图 4.11 所示，波的最高部分称为波峰，最低部分称为波谷，在为零的部分称为节点。接下来，让我们掌握波的计数方法。波反复多次地呈现出相同的形状。从某个地方开始，再回到原来的位置为止的这段时间称为一个周期或简称周期，用单位 s（秒）来表示。图 4.11 描绘了从波峰到波峰，从波谷到波谷，从节点到节点的一个周期。

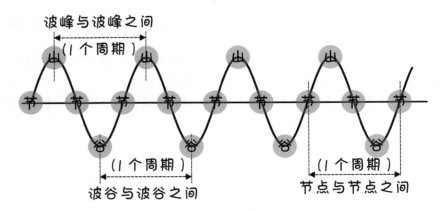

图 4.11　波中各部分的名称和周期

> **❓ ▶ 【频率】**
> **1s 内的波的数量。**

周期表示的是一个完整的波所需的时间，让我们以相反的方式计量波。1s内波完成周期性变化的次数叫作频率。单位为Hz（赫兹）。

比如如图4.12所示，因为1s内这个波完成了4个周期变化，所以这个波的频率是4Hz。因为1s之内有4个波，1个周期所需的时间为1s的四分之一，所以周期为 $\frac{1}{4} = 0.25s$。

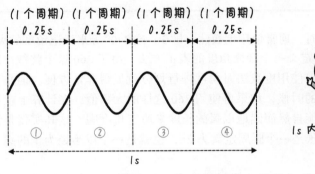

图 4.12　**周期和频率**

从上面的说明可以看出，如果周期是 $T(s)$，频率是 $f(Hz)$，那么就有它们之间存在 $T = \frac{1}{f}$ 这个关系。

> 【**周期和频率的关系**】
>
> $T = \frac{1}{f}$ 或者也可转换成 $f = \frac{1}{T}$。

● 例　**频率为 1kHz 的正弦波的周期是多少？**

答　$T = \dfrac{1}{f} = \dfrac{1}{10^3\,\text{Hz}} = 1 \times 10^{-3}\,\text{s} = 1\,\text{ms}$

问题4-2　周期为 0.02s 的正弦波的频率是多少？

答案在 P.196

1 电路的基础

2 直流电路

3 电磁铁

4 交流回路

5 电气测量

6 非正弦交流电路·瞬态现象

4-6 ▶ 交流的表示量 2：弧度、角频率

▶【弧度法】
角度可以通过弧的长度来测量。

在表示角度时，通常使用度数法，即 30° 或 240° 等来标记角度的大小。这是一种以 360° 定义一个圆周角度的表示方法。由于 360 这个整数可以被很多数整除，所以使用度数法对角度进行划分就显得非常方便。但是在使用数学公式表达的时候，如果再使用 360 这样的大数值，在计算上就会有些麻烦了。是否能自然而然地以弧的长度来决定角度呢？这其实就是弧度法的基本思路。这是一个圆周定义为 2π，也就是一个以半径为 1 的圆周来测量角度的方法。

图 4.13 中显示了如何使用弧度法来确定角度。360° 用弧度法表示为 2π，180° 为 π，90° 为 $\dfrac{\pi}{2}$。度数法的单位写为「°」，而弧度法的单位写为 rad，读作 radian。

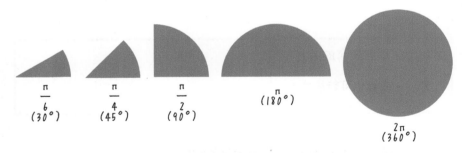

$\dfrac{\pi}{6}$ (30°)　$\dfrac{\pi}{4}$ (45°)　$\dfrac{\pi}{2}$ (90°)　(π)(180°)　2π (360°)

图 4.13　弧度法的基本思考方法（这不是蛋糕或派的切法）

● 例　　**20° 是多少 rad？**

答　360° 是 2π(rad)，所以 20° 是 $2\pi \times \dfrac{20}{360} = \dfrac{\pi}{9}$ (rad)

1 电路的基础

2 直流电路

3 电磁学

4 交流回路

5 电气通案

6 非正弦波交流·晶闸管·

▶【角频率、角速度】
弧度的旋转速度。

在运动会的田径赛道上，跑在跑道最外侧的人，那他一定要跑更多的路程。如图 4.14 所示，如果两个人在半径不同的弧线上同时出发，若要同时到达终点，那外侧的人必须要跑得更快些。

像这样由于速度随半径的大小而变化，这在计算上会显得十分的不方便，所以在交流计算中通常使用角频率或角速度（两者其实是相同的）。后者名称看上去会更好理解，指的是「角」度的变化「速度」。

图 4.14　外圈跑的速度要更快

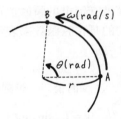

图 4.15　角速度

如图 4.15 所示，假设在半径为 r 的圆上绕圆心运动，在 $t(s)$ 内通过的距离为弧长 AB。此时，假设弧长 AB 的弧度为 $\theta(rad)$。此时，角频率 ω（omega）可表示为

$$\omega = \frac{\theta}{t}$$

也就是说，角频率定义为单位时间内，旋转过的弧度，是描述绕圆心运动快慢的物理量，单位为 rad/s(每秒转过的角度)。

接着，我们试着求出一秒钟内做了 f 次旋转的物体的角频率。因为一个圆周的弧度为 $2\pi(rad)$，所以这个物体每秒旋转的弧度为 $t \times f \times 2\pi(rad)$。可以得到，

$$\omega = \frac{t \times f \times 2\pi}{t} = 2\pi f$$

从上述公式可以看出，频率 f 和角频率 ω 之间存在着 $\omega = 2\pi f$ 的关系。

● 例　　频率为 **60Hz 交流电的角频率是多少？**

答　　$\omega = 2\pi f = 2 \times \pi \times 60 = 120\pi(rad/s)$

117

4-7 ▶ 瞬时值的表示法

▶【瞬时值】

那个瞬间的大小。

　　交流电压和交流电流的大小是随着时间而时刻发生着变化。在某个时刻，对应得到的交流值被称为瞬时值。

　　正弦波交流电的瞬时值可以通过以下的三角函数表示。此外，虽然现在我们用的是正弦函数来表示交流电压，但交流电流也可以采用完全相同的方式来表示。

瞬时值　　　时刻
　↓　　　　　↓
$$v = V_m \sin(\omega t + \theta)$$
　↑　　　↑　　　↑
最大值　角频率　初始相位

　　V_m(V) 被称为最大值，正如其名，是正弦波交流电压最大的值。ω(rad/s) 是 4-6 节中介绍过的角频率，决定图表的横向间隔的大小。t 代表时间，将任意值代入，就可求得任意时刻所对应的瞬时值 V(V)。θ 被称为初始相位，指的是当 $t = 0$ 时三角函数的角度。在图 4.16 中，横轴的变量是 ωt，初始相位为 θ，沿横轴的负方向水平移动了 θ 的量。

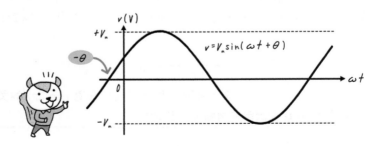

图 4.16　$v = V_m \sin(\omega t + \theta)$ 的波形图

在图 4.17 中显示了角频率 ω(rad/s)、初始相位 θ 和最大值 V_m(V) 这三个主要变量对三角函数波形的影响。其中，角频率 ω(rad/s) 和初始相位 θ 在横轴上表示，最大值 V_m(V) 在纵轴上表示。

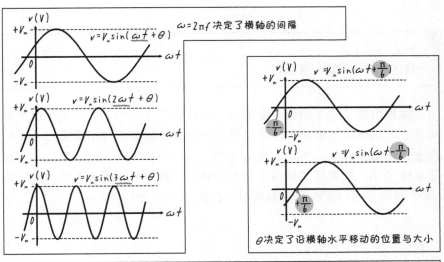

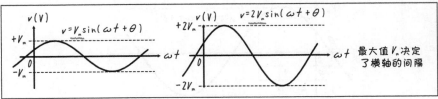

图 4.17 （左上）ω 变化（右上）θ 变化（下）V_m 的变化

● 例　**分别求出瞬时值 $v = 10\sin\left(120\pi t + \dfrac{\pi}{3}\right)$ V 的最大值、角频率、频率和初始相位?**

答　根据瞬时值的公式可知，最大值为 10V，角频率为 120π，初始相位为 $\dfrac{\pi}{3}$ (rad)。频率由 $\omega = 2\pi f$ 的关系变为

$$f = \frac{\omega}{2\pi} = \frac{120\pi}{2\pi}\,\text{Hz} = 60\,\text{Hz}$$

瞬时值　　时刻
↓　　　　↓
$I = I_m \sin(\omega t + \theta)$
↑　　　↑　　　↑
最大值　角频率　初始相位

交流电流的瞬时值也可以用右图所示的公式来表示。

4−8 ▶ 相位

❓ ▶【相位】
传达波的 "位" 置信息。

　　这里出现了一个稍微专业的词，但没有什么可担心的。正弦交流电重复着相同的波形振荡，而相位描述一个波，特定的时刻在它循环中的位置。例如，考虑一个正弦交流电压，其瞬时值为 $v = V_m \sin(\omega t + \theta)$，如图 4.18 所示。如果你想知道在★点的状态，就必须知道★点所对应的是「哪个时刻」，不是吗？相位就是用来表示「哪个时刻」的。

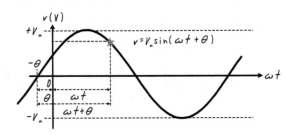

图 4.18　**瞬时值 $v = V_m \sin(\omega t + \theta)$ 的波形**

　　我们需要指定横轴来表示出「哪个时刻」。此时，我们先把三角函数括号中的变量用 $\phi = \omega t + \theta$ 来表示。主要确定了 ϕ（Fai），其所对应的瞬时值也就可以求得。这个 ϕ 被称为相位角，或者简单地称为相位。

● 例　　**瞬时值为 $i = 10\sin(2\pi t + 0.3\pi)$ (A) 的正弦波交流电，求 $t = 0.1\text{s}$ 时的相位和瞬时值。**

　　答　　$t = 0.1\text{s}$ 时，相位为 $\phi = 2\pi t + 0.3\pi = 2\pi \times 0.1 + 0.3\pi = 0.5\pi (\text{rad})$
　　瞬时值为 $i = 10\sin 0.5\pi \text{A} = 10\sin \pi/2 \text{A} = 10 \times 1\text{A} = 10\text{A}$

1 电路的基础

2 直流电路

3 电磁学

4 交流回路

5 电气测量

6 非正弦现象

在图 4.19 中，我们在同一个坐标轴中绘制了两个三角函数的瞬时值。两个瞬时值分别为

$$v_1 = V_{\mathrm{m}}\sin(\omega t + \theta_1)、v_2 = V_{\mathrm{m}}\sin(\omega t + \theta_2)$$

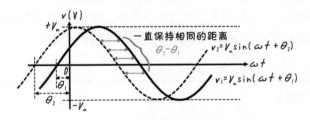

图 4.19　两个瞬时值的相位差

对比两个瞬时值的三角函数，发现不同之处只有初始相位 θ_1、θ_2，最大值 V_{m}（V）和角频率 ω（rad/s）是一样的。它们的相位分别用 ϕ_1 和 ϕ_2 表示为

$$\phi_1 = \omega t + \theta_1、\phi_2 = \omega t + \theta_2$$

取它们的差值，可得到，

$$\phi_1 - \phi_2 = (\omega t + \theta_1) - (\omega t + \theta_2) = \theta_1 - \theta_2$$

从这里可以看出，差值与时间 t 无关，总是保持一定的 $\theta_1 - \theta_2$ 大小的相位间的差。同时，从图 4.19 也可以看出，两个瞬时值总是相差 $\theta_1 - \theta_2$ 的相位。像这样两个频率相同的交流电相位的差被定义为相位差。

它可以用来表示两个瞬时值的相位关系，比如领先或延迟等。如图 4.20 所示，图的左侧表示 v_1 比 v_2「延迟」，图的右侧表示 v_1 比 v_2 "领先"。

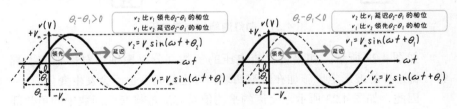

图 4.20　相位关系

121

4-9 ▶ 平均值

在交流中，电压和电流的大小会随时间周期性地变化。由于交流的电流（电压）大小是一直在变化的，那么应该如何定义「这个交流电流（电压）的大小到底是多少 A（V）」呢？实际中，我们通常使用一个确定的值来计量交流电流（电压）的大小。在本书中，我们将介绍两个能代表正弦交流电的数值：平均值和有效值。让我们从平均值开始。

> **▶【平均值】**
>
> 通过时间来平均大小，　平均值 $= \dfrac{2}{\pi}$ 最大值。

平均值的定义其实非常简单，就是在一个周期的时间段内对交流电流（电压）的振幅做平均。然而，如图 4.21 所示，交流电压正负值会以相同的大小交替变化，如果直接取平均值，此时平均值就会变成零。

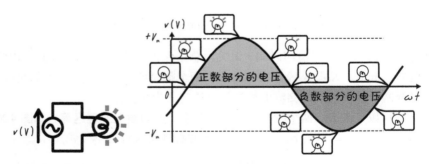

图 4.21　向灯泡施加交流电压

如图 4.22 所示，如果将交流电压的负数部分以横轴为对称轴向上翻折，将这样的波形电压施加在灯泡两端，灯泡的亮度也不会发生变化。

因此，如图 4.23 所示，交流的平均值是先通过将交流函数中的负数部分转为正数（取绝对值），再对交流函数中的正数成分做平均，计算得到的

值就是交流函数的平均值。如果交流正弦波的最大值为 V_m(V)，那么得到

的平均值为 $V_{av} = \dfrac{2}{\pi} V_m$。

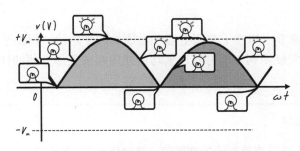

图 4.22　正电压和负电压共同作用

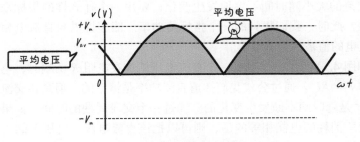

图 4.23　交流的平均值

在正弦交流的电流下，情况也是相同的，最大值为 I_m(A) 的平均电流

的大小为 $I_{av} = \dfrac{2}{\pi} I_m$。

● 例　　**求出最大值为 10A 的正弦波交流电流的平均值。**

答　　$I_{av} = \dfrac{2}{\pi} I_m = \dfrac{2}{\pi} \times 10\text{A} = 6.37\text{A}$

问题4-3　求正弦波交流电压的平均值，其瞬时值为 $v = 20\sin\left(120\pi t + \dfrac{\pi}{6}\right)$。

答案在 P.196

4-10 ▶ 有效值

在 4-9 章节中描述了交流电流（电压）的平均值，但是平均值在实际中不会被经常使用到。因为有比平均值使用起来更加方便的计量指标，这就是有效值。

【有效值】

功耗大小与直流值等价的交流值，有效值 $= \dfrac{1}{\sqrt{2}}$ 最大值。

交流的大小随时间不停地发生变化，要用一个什么样的指标来计量交流电呢？此时，我们想到的一个指标是功率。能够提供与直流电相同功率的交流电的值被称为有效值。

如图 4.24 所示，如果将一个直流电压施加在电阻 R 两端时，电阻消耗的功率 $P = RI^2$。通过公式我们知道直流功率是恒定的，但是在交流的情况下，Ri^2 是随时间不断发生变化的。经过一个交流周期的时间，如果它们在电阻上所消耗的电能相等的话，则可以把该直流电流（电压）的大小作为交流电流 $I(A)$（电压）的有效值。

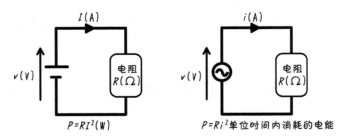

图 4.24　**直流电和交流电**

直流电流 $I(A)$ 和功率 $P = RI^2$ 随时间的变化关系如图 4.25 的左侧所示。可以看出，即使时间改变了，电流、功率也不会变化，是恒定的。同样，交流电流 $i = I_m \sin\omega t$ 和功率 Ri^2 的时间变化如图 4.25 的右侧所示。由于功率 Ri^2 的大小随着时间不断发生改变，所以图中也显示了交流电流和功率

的平均值。

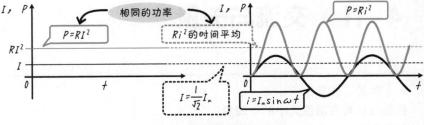

图 4.25　有效值的确定方法

最大值为 I_m(A) 的正弦交流电流的有效值 I(A) 为

$$I = \frac{1}{\sqrt{2}} I_m$$

同样，在正弦交流电压的情况下，如果最大值为 V_m(V)，则有效值 V(V) 为

$$V = \frac{1}{\sqrt{2}} V_m$$

　　交流电流（电压）的大小通常用有效值来表示。例如，家用中插座使用的是 100V（中国通常为 220V）的交流电压，这指的就是这个交流电压的有效值为 100V。也就是说，如图 4.26 所示，将 100V 直流电接入灯泡两端所发出的亮度和使用 100V 交流电时所发出的亮度是一样的。即两者提供的功率是相同的。

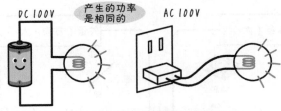

图 4.26　用有效值来表示交流

● 例　　**求最大值为 10A 的正弦交流电流的有效值。**

答　　$I = \frac{1}{\sqrt{2}} \ I_m = \frac{1}{\sqrt{2}} \times 10A = 7.07A$

问题 4-4　求瞬时值为 $v = 20\sin\left(120\pi t + \dfrac{\pi}{6}\right)$ 的正弦交流电压的有效值。

答案在 P.196

4-11 ▶ 交流与矢量

> **?** ▶【标量、矢量】
> 标量是只具有数值大小的物理量。
> 矢量是既有大小又有方向的物理量。

虽然出现了一些陌生的术语，但其实并不难理解，只是将世界上各种各样的量大致分为两类而已 ⊖。其分类的一些具体例子如图 4.27 所示。体重、体积、长度、温度等的物理量，只表示具有「大小」的量，这样的量被称为标量。表示标量时只需要表示出数值的大小与单位，如图 4.27 中的括号所示。

但是，像风、力、电场、磁通密度等，不仅需要「大小」，还需要「方向」的信息。括号内不仅有表示数值大小和单位的信息，还有表示方向的信息。像这样具有「方向」和「大小」的物理量被称为矢量。矢量通常用箭头表示，箭头的长度表示「大小」信息，箭头的方向表示所指的「方向」。

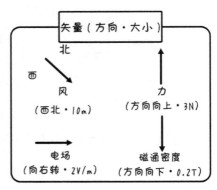

图 4.27 **标量和矢量**

⊖ 还有一些物理量（如张量等）不属于这两类，但它们超出了本书的范围，将不会被涉及。
从上述的介绍来看，大家可能会觉得标量和矢量与电气好像完全扯不上关系。但是，实际上关系非常密切。然而，它们事实上是密切相关的。

如图 4.28 所示，我们可以说，直流电流（电压）是一个标量，交流电流（电压）是一个矢量。在直流的情况下，电压和电流只需用大小和单位来表示，也就是只带有「大小」信息的标量。然而，在交流的情况下，用来表示电压和电流的物理量不仅仅是最大值、平均值、有效值，还包含了相位这一信息。在用公式表示瞬时值的时候，通常通过弧度来表现。如果将其视为是代表「方向」的信息时，我们就明白了交流是具有「大小」和「方向」的矢量。

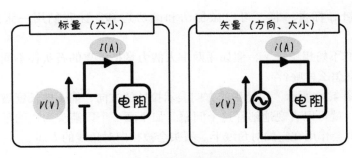

图 4.28　直流电为标量，交流电为矢量

如图 4.29 所示，试着用矢量来表示瞬时值 $v = 100\sqrt{2}\sin\left(\omega t + \dfrac{\pi}{6}\right)$。矢量的大小用有效值表示，方向用初始相位表示。初始相位 $\dfrac{\pi}{6}$（30°）是以横轴为基准测量得到的。瞬时值用小写 v 表示。用矢量表示交流电的时候，用点符号「·」和大写的 V，即 $\dot{V}$ 来表示。

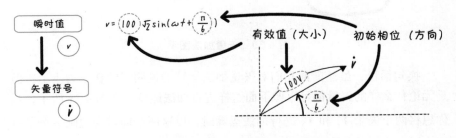

图 4.29　用矢量（箭头）表示交流电的瞬时值

1 电路的基础
2 直流电路
3 电磁学
4 交流回路
5 电子制器
6 非正弦交流

4-12 ▶ 矢量的计算

> ❓ ▶【矢量的计算】
>
> **能进行加法和减法。 画出平行四边形就可以了。**

　　矢量和标量一样，可以做加法和减法运算。让我们用一张图来说明吧！

　　我们不妨想象一下，假如用两个人的力量把沉重的石头往不同的方向拉的话会怎么样呢？

　　如图 4.30 所示，用箭头的方向表示拉扯的方向，箭头的长度表示拉扯的力度，就可以直观地解释这个问题。如果画一个以箭头为边的平行四边形，力就会作用在它的对角线上。石头会被拉向对角线的方向。

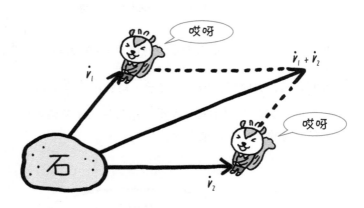

图 4.30　**矢量加法图示**

　　换句话说，虽然前面我们对矢量加法运算的说明局限在「力」上，但是无论什么样的矢量都可以像下面这样进行加法运算。如图 4.31 所示，当你想将两个矢量 $\dot{v}_1$ 和 $\dot{v}_2$ 进行加法运算时，以这两个向量为边画一个平行四边形。这个对角线就是相加后的矢量 $\dot{v}_1 + \dot{v}_2$。

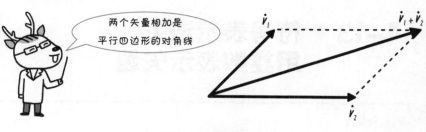

图 4.31　向量的加法

接下来，我们来思考矢量的减法。减法可以看作是「和负数相加」。也就是说

$$\dot{V}_1 - \dot{V}_2 = \dot{V}_1 + (-\dot{V}_2)$$

那么，让我们来思考一下这个带负号的矢量（$-\dot{V}_2$）。这其实也非常简单。如图 4.32 所示，矢量 $\dot{A}$ 带上负号也就是 $-\dot{A}$，这可以看作为与矢量 $\dot{A}$ 反方向的矢量。

图 4.32　负矢量

计算 $\dot{V}_1 - \dot{V}_2$ 可表示为 $\dot{V}_1$ 加上 $-\dot{V}_2$，如图 4.33 所示，用 $\dot{V}_1$ 和 $-\dot{V}_2$ 作为边画平行四边形，就可以进行矢量的减法计算。

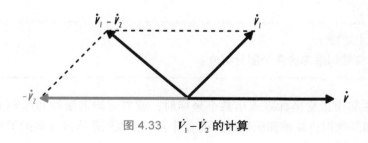

图 4.33　$\dot{V}_1 - \dot{V}_2$ 的计算

4-13 ▶ 符号表示法 1: 用复数表示矢量

> **【矢量】**
> 为了表示交流，只要有两个值就够了。

在 4-11 章节中，说明了交流是可以用矢量表示的。如图 4.34 的左侧所示，用箭头的「长度」（有效值）和箭头所指向的「角度」（初始相位）这两个量来表示交流。因为矢量是在平面（二维）上画出来的，所以可以用两个值表示。像这样用"长度"和"角度"来标记矢量的方法，被称为极坐标表示法。

另一方面，如图 4.34 右侧所示，也有使用横轴和纵轴来表示的方法。通过读取纵轴和横轴的值来标记矢量的方法，被称为正交坐标表示法。

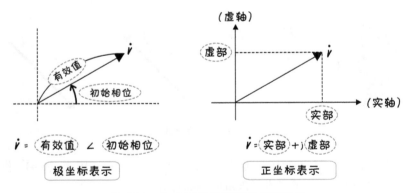

图 4.34　极坐标表示和正交坐标表示

> **【复数】**
> 由实部和虚部这两个部分组成。

在利用正交坐标系表示某个坐标时，就需要知道横轴和纵轴上的数值。如果我们将横轴和纵轴的数值合并表示，也就是通过复数的形式来表

示，那会变得非常的方便。接下来，我们就导入复数这个概念。

正交坐标系的横轴称为实轴，纵轴称为虚轴。另外，实轴上的值称为实部，虚轴上的值称为虚部。例如，将实部和虚部这两个值合并在一起的数叫作复数，如下所示。

$$\dot{V} = (实部) + j(虚部)$$

这里，j 是一个非常特殊的数字，它被称为虚数单位，具有以下性质。

$$j^2 = -1$$

通过两次相乘后得到 -1，这个数就是 j $^\ominus$。这样一来，我们清楚地知道复数包含了只有普通数值的实部和带有 j 的虚部。像这样，平方后得到负值的数被称为虚数。

▶【符号表示法】
如果交流用复数来表示。

对于第一次接触的人来说，这个「复数」是比较难理解的，也许你会觉得有些莫名其妙吧。但是，复数表示的方便之处在于「四则运算」，即 +、-、×、÷ 的计算都能进行。你可能会觉得这是理所当然的，但这对交流的计算是非常方便的。

交流电流（电压）是可以用矢量来表示的，比起每次都通过画图来进行四则运算，利用复数这会轻松得多。另外，如果利用复数表示交流电压和交流电流，在直流电路上学到的欧姆定律、合成电阻等计算，在交流电路上也可以直接被使用，非常方便（如何利用复数来表示交流，后续的章节会有详细的说明）。因此，像这样用复数表示交流的方法，被称为符号表示法。

$\ominus$　数学中虚数符号使用的是 imaginary（想象中的）这个英文单词的首字母。在电路中，为了避免与交流电的 i〔A〕混淆，所以按照字母顺序使用旁边的 j 来表示。

4-14 ▶ 符号表示法 2：复数的计算

❓ ▶【复数的四则运算】
区分实部和虚部。

　　复数可以进行 "四则计算"，即 +、−、×、÷ 的全部计算。在计算的时候，要好好区分实数部分和虚数部分，前者没有虚数单位 j，后者则有虚数单位 j。

○ **加法、减法运算**

　　只要把实部和虚部分别做加法和减法计算就可以了。最后再分别整合实部和虚部。例如，试着对 1 + j4 和 2 + j3 这两个复数做加法和减法运算。

> 加法运算　$(1+j4)+(2+j3)=(1+2)+j(4+3)=3+j7$
>
> 减法运算　$(1+j4)-(2+j3)=(1-2)+j(4-3)=-1+j$

○ **乘法运算**

　　先把 j 当作普通的字母表达式来处理，如果式中含有 j^2 的话，就用 $j^2 = -1$ 来换算。例如，试着对 1 + j4 和 2 + j3 这两个复数做乘法运算。

> 乘法运算　$(1+j4)(2+j3)=1 \cdot 2+1 \cdot j3+j4 \cdot 2+j4 \cdot j3$
>
> 　　　　　　　　　　　　　　　　　　　　　　普通展开
>
> $= 2+j(3+8)+j^2 12$ ●—— 整理
>
> $= 2+j11+(-1) \cdot 12$ ●—— $j^2 = -1$
>
> $= -10+j11$ ●—— 整理

○ **除法运算**

　　四则计算中最麻烦的就是除法计算。以复数 1 + j4 和复数 2 + j3 的除法为例子进行详细说明。把除法用分数的形式可表示为

> 除法运算　$\dfrac{1+j4}{2+j3}$

接下来，考虑如何从分母中将虚部除去。回忆下公式 $(a+b)(a-b)=a^2-b^2$，利用这个公式，我们在分母上乘以 $2-j3$ 这个复数，可得到，

$$(2+j3)(2-j3)=2^2-(j3)^2=4-j^29=4-(-1)9=4+9=13$$

这样一来，分母中带有 j 的虚部就消失了，只剩下 13 这个实数。巧妙利用这个性质，从分母中除去虚部，这就是除法的计算方法。

当分母乘以 $(2-j3)$ 的同时，分子同样也要乘以 $(2-j3)$，

$$\frac{1+j4}{2+j3}=\frac{1+j4}{2+j3}\cdot\frac{2-j3}{2-j3}$$

然后分别计算分母和分子。

$$\boxed{分子}\quad=(1+j4)(2-j3)$$
$$=1\cdot2+1\cdot(-j3)+j4\cdot2+j4(-j3)$$

普通展开

$$=2+j(-3+8)-j^212$$

总结为 $j^2=-1$

$$=14+j5$$

$$\boxed{分母}\quad=13$$

前面算过了

因此，除法运算的结果是

$$\frac{1+j4}{2+j3}=\frac{14+j5}{13}$$

再将分母中 13 这个实数，分别分配到分子的实部和虚部。

$$\frac{1+j4}{2+j3}=\frac{14}{13}+j\frac{5}{13}$$

这就是除法运算的最终答案。

问题 4-5　试计算下面的复数。

(1) $(3+j4)+(2-j3)$　　　　(2) $(3+j4)-(2-j3)$

(3) $(3+j4)(2-j3)$　　　　(4) $\dfrac{3+j4}{2-j3}$

答案在 P.196

1 电路的基础

2 直流电路

3 电磁学

4 交流回路

5 电与磁

6 非正弦交流·瞬态现象·

4–15 ▶ 符号表示法 3：利用复数

? ▶【符号表示法】
利用复数来表示交流。

交流电流（电压）可以用矢量来表示，矢量也可以通过复数来表示。也就是说，交流电流（电压）也是可以用复数来表示的。这种表示方法被称为符号表示法，是由爱迪生的弟子斯坦因梅茨发明的。因为这种表示法使用起来非常方便，所以务必要掌握。

试着用极坐标矢量来表示下面瞬时值的交流电压。

$$v = 10\sqrt{2}\sin\left(120\pi t + \frac{\pi}{6}\right)\text{V}$$

首先，观察 sin 的括号内，我们就会知道该交流电压的初始相位是 $\frac{\pi}{6}$⊖，其次，我们又可以知道这个交流电压的最大值是 $10\sqrt{2}$，所以有效值为

$$有效值 = \frac{最大值}{\sqrt{2}} = \frac{10\sqrt{2}}{\sqrt{2}} = 10\text{V}$$

如果用极坐标矢量的形式来表示的话，就会变成下面这样。

$$\dot{V} = 10\angle\frac{\pi}{6}\ (\text{V})$$

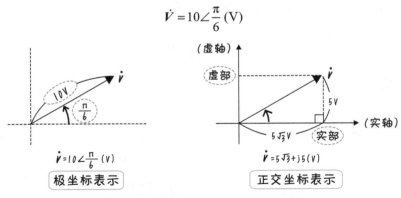

图 4.35　从极坐标表示转换为正交坐标

⊖　想要复习的人可以参考「4-7 瞬时值的表示法」章节内容。

接下来，我们将极坐标表示转换为正交坐标表示，用复数表示矢量。

图 4.35 左侧显示了矢量在极坐标中的图形表示。然后在横轴（对应实轴）和纵轴（对应虚轴）分别绘制一条垂直线，并读取各自的坐标。先从实轴开始，我们首先把注意力放在这个直角三角形上，它斜边长度为 10，夹角为 $\frac{\pi}{6}$。$\cos\frac{\pi}{6}$ 的三角比关系式可表示如下[⊖]，

$$\cos\frac{\pi}{6} = \frac{\boxed{实部}}{10} \quad 或 \quad \boxed{实部} = 10\cos\frac{\pi}{6} = 10\cdot\frac{\sqrt{3}}{2} = 5\sqrt{3}$$

这样，通过三角比的关系就能知道实部的值了。接着我们用同样的方法来求虚部的大小吧！斜边的长度为 10、夹角为 $\frac{\pi}{6}$ 的直角三角形，$\sin\frac{\pi}{6}$ 的三角比关系，可表示如下，

$$\sin\frac{\pi}{6} = \frac{\boxed{虚部}}{10} \quad 或 \quad \boxed{虚部} = 10\sin\frac{\pi}{6} = 10\cdot\frac{1}{2} = 5$$

这样就能求得虚部的值了。通过上述计算知道了实部和虚部的值，如果交流用复数来表示的话，就可以写成下面这样的形式。

$$\dot{V} = 5\sqrt{3} + j5 \text{ (V)}$$

从极坐标表示变换到正交坐标表示的方法可以总结如下。

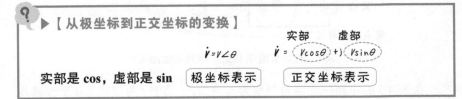

到目前为止，介绍了交流的三种表示方式。表 4.2 总结了各种标记的特征。

表 4.2　各种交流的表达方式

瞬时值表示	$v = 10\sqrt{2}\sin\left(120\pi t + \frac{\pi}{6}\right)\text{V}$	包含交流的所有信息
极坐标表示	$\dot{V} = 10\angle\frac{\pi}{6}\text{ (V)}$	通过矢量表示，大小和方向信息明确
正坐标复数表示	$\dot{V} = 5\sqrt{3} + j5\text{ (V)}$	计算十分方便

⊖　三角比和三角函数的相关知识可复习参考「4-2 数学知识补充 1：三角比」和「4-3 数学知识补充 2：三角函数」章节内容。

4–16 ▶ 交流电路中各元件的作用1：性质

❓ ▶【交流电路中】
线圈和电容就像电阻一样。

在第2章的直流电路中，没有出现线圈和电容。 这是因为只要将导线一圈一圈缠绕，即可形成线圈⊖，所以在直流电流中线圈的电阻为零。电容中间通常是隔着真空或电介质⊖，其电阻在直流电的情况下是无穷大的，所以直流电是无法通过的。

不过，对于交流电，线圈和电容都具有类似电阻的特性。表4.3总结了交流电路中电阻、线圈和电容的特性。

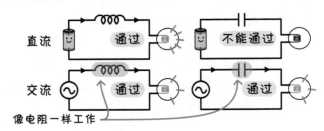

图 4.36 　施加直流电和交流电时的线圈与电容

在表4.3的电路中，当角频率为 $\omega = 2\pi f$（其中 f 为频率）正弦交流电压 $\dot{V}$(V) 分别施加在电阻、线圈和电容上时，并设定流过的电流为 $\dot{I}$(A)。此时，根据欧姆定律

$$\dot{V} = \dot{Z}\dot{I}$$

各元件的阻抗 $\dot{Z}$(Ω) 分别如下所示，

电阻　$\dot{Z} = R$　　线圈　$\dot{Z} = j\omega L$　　电容　$\dot{Z} = \dfrac{1}{j\omega C}$

⊖　请参照 [3-23 表示线圈的物理量（自感）]。
⊖　请参照 [3-8 电容器]。

1 电路的基础
2 基尔回路
3 电磁学
4 交流回路
5 电气现象
6 非正弦波理论

表 4.3　**电阻·电感·电容**

元器件	电气符号	物理量（单位）	阻抗 Z	欧姆定律
电阻	$\dot{V}(V)$　$\dot{I}(A)$　$R(\Omega)$　$\omega = 2\pi f$	$R(\Omega)$	$R(\Omega)$	$\dot{V} = R\dot{I}$
电感	$\dot{V}(V)$　$\dot{I}(A)$　$L(H)$　$\omega = 2\pi f$	$L(H)$	$j\omega L(\Omega)$	$\dot{V} = j\omega L\dot{I}$
电容	$\dot{V}(V)$　$\dot{I}(A)$　$C(F)$　$\omega = 2\pi f$	$C(F)$	$\dfrac{1}{j\omega C}(\Omega)$	$\dot{V} = \dfrac{1}{j\omega C}\dot{I}$

如果我们仔细观察每个表达式，就会发现电阻与直流电的情况是相同的，但是线圈和电容的阻抗是包含 j 的复数。如果将这个 j 部分去除，就变为

$$\boxed{线圈}\quad X_L = \omega L \qquad \boxed{电容}\quad X_C = \frac{1}{\omega C}$$

在这里，我们将 $X_L(\Omega)$ 称为感抗，将 $X_C(\Omega)$ 称为容抗。二者统称为阻抗。

　　阻抗会随着角频率 $\omega = 2\pi f$ 的变化而变化。感抗与角频率 $\omega(\text{rad/s})$ 成正比，因此频率越高，阻抗的作用就会越大。换句话说，施加在线圈上的交流电的频率越高，电流就越难通过。相反，容抗与角频率 $\omega(\text{rad/s})$ 成反比，因此交流电的频率越高，容抗的电阻作用就越小。换句话说，施加到电容上的交流电的频率越高，电流就越容易通过。

图 4.37　**不同角频率下的阻抗大小**

4-17 ▶ 交流电路中各元件的 作用 2：计算

？ ▶【交流电路中】
线圈和电容就像电阻一样。

难得的机会，让我们一边运用符号法，一边计算交流电路吧。基本上只是用符号法表示欧姆定律。

？ ▶【阻抗与欧姆定律】
只是在直流电路的欧姆定律中， 电压、 电流变为向矢量， 电阻 $R(\Omega)$ 被阻抗的 $\dot{Z}(\Omega)$ 代替。 阻抗使用与电阻相同的符号。

$$\dot{V} = \dot{Z}\dot{I}$$

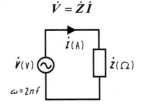

$$\omega = 2\pi f$$

图 4-38　交流电路中的欧姆定律

● 例　　求下面电路的阻抗 $\dot{Z}$ 和流过的电流 $\dot{I}$ 吧。

答　电容器的场合的阻抗是 $\dot{Z} = \dfrac{1}{j\omega C}$。
为了让 j 从分母上消失，我们把"分母和分子同时乘以 j"，变成这样

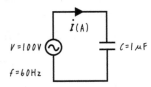

$$\frac{1}{j\omega C} = \frac{1 \cdot j}{j\omega C \cdot j} = \frac{j}{j^2 \omega C} = \frac{j}{(-1)\omega C} = j\frac{1}{\omega C}$$

$\omega = 2\pi f = 2 \times \pi \times 60$ 将 $C = 1(\mu F)$ 的值代入，变成

$$\dot{Z} = -j\frac{1}{\omega C} = -j\frac{1}{2 \times \pi \times 60 \times 1 \times 10^{-6}}\Omega$$

$$= -j2.65 \times 10^3\,\Omega = -j2.65\text{k}\Omega$$

1 电路时基础

2 直流电路

3 电磁学

4 交流回路

5 电气测量

6 非正弦交流·瞬态现象

接下来，求电流 $\dot{I}$ (A)。根据欧姆定律，$\dot{I} = \dfrac{\dot{V}}{\dot{Z}}$。只要计算一下就可以了。这里，$V$ 的实效值为 $V = 100$V，但没有给出初始相位。在这种情况下，初始相位是什么都可以，但通常是 0，这样比较方便。

也就是说 $\dot{V} = 100\angle 0 = 100 + j0 = 100$(V)，由欧姆定律可计算出，

$$\dot{I} = \frac{\dot{V}}{\dot{Z}} = \frac{100}{-j2.65\times10^3} \text{ (A)} = j37.7\text{(mA)}。$$

顺便把电压和电流的矢量画在图上。

因为初始相位擅自选择为 0，所以电压 V 的方向是向右。电流 $\dot{I}$ 的计算结果为 $\dot{I} = j37.7 = 0 + j37.7$（mA），因此实部为 0，虚部为 37.7mA。那么，电流 $\dot{I}$ 应该在虚轴上。另外，将这个正交坐标得出的计算结果，从右边的向量的图转换为极坐标表示的话，$\dot{I} = 37.7\angle\dfrac{\pi}{2}$ (mA)。

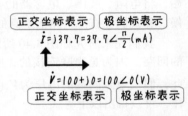

图 4.39 　电压与电流的矢量

这样，阻抗有 j 的元件，有改变电流和电压的方向的作用。

【各元件产生的电压和电流的方向的关系】

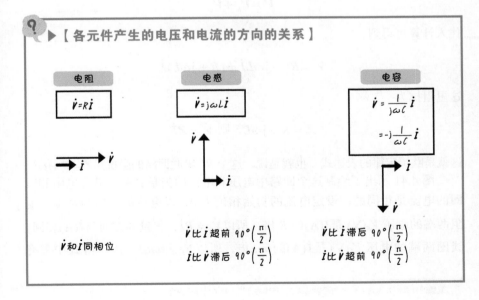

4-18 ▶ 各种元件的组合 1： *RL* 串联电路

？ ▶【串联或并联连接】
如果是复数表示的话，可以和直流电一样计算。

此时此刻，大家应该明白利用复数表示的方便之处了吧。从这里开始，将电阻、线圈、电容器的各元件做串联或并联连接。在计算阻抗的时候，和我们在直流电路上学到的方法是完全一样⊖。

我们先来研究如图 4.40 所示的电阻 $R(\Omega)$ 和线圈 $L(H)$ 的 *RL* 串联连接的回路。因为是串联连接的，所以电阻和线圈会通过相同的电流 $\dot{I}(A)$。因此，假设电阻两端的电压为 $\dot{V}_R(V)$，线圈两端的电压为 $\dot{V}_L(V)$。根据欧姆定律，可以得出以下等式。

电阻 $\dot{V}_R = R\dot{I}$ 线圈 $\dot{V}_L = j\omega L\dot{I}$

这两个电压的总和等于电源电压，所以

$$\dot{V} = \dot{V}_R + \dot{V}_L$$

代入计算可得到，

$$\dot{V} = R\dot{I} + j\omega L\dot{I} = (R + j\omega L)\dot{I}$$

这里阻抗为

$$\dot{Z} = R + j\omega L，则 \quad \dot{V} = \dot{Z}\dot{I}$$

这就是欧姆定律的表达式。也就是说，这个 *RL* 串联回路的阻抗是 $\dot{Z} = R + j\omega L$。

图 4.41 示出了绘制这个回路中电压和电流的矢量关系。流经电阻和线圈的电流是相同的，设定电流的初始相位为 0，以电流的方向为基准。电阻两端的电压 $V_R(V)$ 是 $\dot{I}(A)$ 的 R 倍，所以 $\dot{V}_R = R\dot{I}$，矢量的方向与 $\dot{I}(A)$ 相同，线圈两端的电压 $V_L(V)$ 是 $\dot{I}(A)$ 的 $j\omega L$ 倍，所以 $\dot{V}_L = j\omega L\dot{I}$。由于等式中带有

⊖ 复数的计算需要用到「4-14 符号表示法 2：复数的计算」章节的知识内容。

虚数 j，所以矢量的方向是以从 $\dot{I}(A)$ 为基准，逆时针旋转90° $\left(\dfrac{\pi}{2}\right)$。另外，电压的大小 $V(V)$，根据勾股定理表示如下，

$$V = \sqrt{V_R^2 + V_L^2}$$

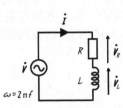

图 4.40 **RL** 串联电路

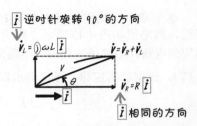

图 4.41 **RL** 串联电路的矢量图

$\dot{V}(V)$ 是由 $\dot{V}_R(V)$ 和 $\dot{V}_L(V)$ 组成的，即 $\dot{V} = \dot{V}_R + \dot{V}_L$。在这里，请注意电压 $\dot{V}(V)$ 和电流 $\dot{I}(A)$ 之间的夹角关系。电压 $\dot{V}(V)$ 和电流 $\dot{I}(A)$ 间的夹角也就是相位差，根据

$$\tan\theta = \frac{V_L}{V_R}, \ \theta = \tan^{-1}\left(\frac{V_L}{V_R}\right)$$

$\tan^{-1}$ 是反三角函数中的一个，通过三角比倒过来计算角度[一]。$\dot{V}_R(V)$ 和 $\dot{V}_L(V)$ 的长度大小分别是，

$$V_R = RI、\ V_L = \omega L I$$

所以 θ 可表示为

$$\theta = \tan^{-1}\left(\frac{V_L}{V_R}\right) = \tan^{-1}\left(\frac{\omega L I}{RI}\right) = \tan^{-1}\left(\frac{\omega L}{R}\right)$$

通过上式，我们也可以计算出相位差 θ。

正交坐标 $\dot{Z} = R + j\omega L$ 的矢量图如图 4.42 所示。这个直角三角形被称为阻抗三角形。阻抗 $\dot{Z}$ 的长度大小为 $Z(\Omega)$，对这个直角三角形应用勾股定理，可求得 Z，如下所示。

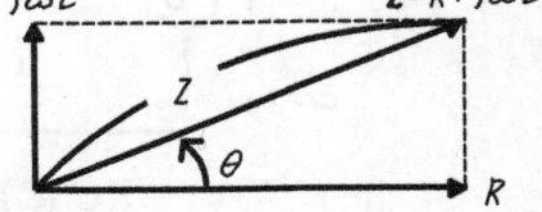

图 4.42 **RL** 串联电路的阻抗三角形

$$Z = \sqrt{R^2 + (\omega L)^2}$$

[一] 如果你有三角函数表或科学计算器，你可以计算在「4-3 数学知识补充2：三角函数」中表格以外的任意角度。

4–19 ▶ 各种元件的组合 2 ： RC 串联电路

这个章节，我们分析由电阻 $R(\Omega)$ 和电容器 $C(\mathrm{F})$ 串联连接的 RC 串联回路，回路图如图 4.43 所示。因为是串联连接的，所以电阻和电容器会有相同的电流 $\dot{I}(\mathrm{A})$ 通过。此时，电阻两端的电压为 $\dot{V}_R(\mathrm{V})$，电容两端的电压为 $\dot{V}_C(\mathrm{V})$。根据欧姆定律，可以得出以下公式。

$$\boxed{\text{电阻}} \quad \dot{V}_R = R\dot{I} \qquad \boxed{\text{电容}} \quad \dot{V}_C = \frac{1}{\mathrm{j}\omega C}\dot{I}$$

这两个电压的总和等于电源的电压，即为

$$\dot{V} = \dot{V}_R + \dot{V}_C$$

代入计算可得到，

$$\dot{V} = R\dot{I} + \frac{1}{\mathrm{j}\omega C}\dot{I} = \left(R + \frac{1}{\mathrm{j}\omega C}\right)\dot{I}$$

在这里阻抗表示为

$$\dot{Z} = R + \frac{1}{\mathrm{j}\omega C} \text{，则} \quad \dot{V} = \dot{Z}\dot{I}$$

这就是欧姆定律的形式。也就是说，这个 RC 串联回路的阻抗是 $\dot{Z} = R + \dfrac{1}{\mathrm{j}\omega C}$。

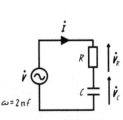

图 4.43　**RC 串联电路**

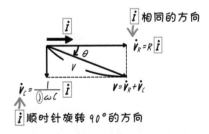

图 4.44　**RC 串联电路的矢量图**

图 4.44 示出了绘制这个回路中电压和电流的矢量关系。因为流经电阻和电容的电流是相同的，设定电流的初始相位为 0，以电流的方向为基准。因为电阻的电压 $\dot{V}_R(\mathrm{V})$ 是 $\dot{I}(\mathrm{A})$ 的 R 倍，表示为 $\dot{V}_R = R\dot{I}$，所以矢量的方向和 $\dot{I}(\mathrm{A})$ 相同。电容电压 $\dot{V}_C(\mathrm{V})$ 是 $\dot{I}(\mathrm{A})$ 的 $1/(\mathrm{j}\omega C)$ 倍，即 $\dot{V}_C = \dfrac{1}{\mathrm{j}\omega C}\dot{I}$，由于等式

中带有虚数 j，所以矢量方向是以 $\dot{I}$(A) 为基准顺时针旋转 90°$\left(\dfrac{\pi}{2}\right)$。另外，电压的大小 V(V) 根据勾股定理表示如下。

$$V = \sqrt{V_R^2 + V_C^2}$$

$\dot{V}$ 是由 $\dot{V}_R$ 和 $\dot{V}_C$ 组成的，即 $\dot{V} = \dot{V}_R + \dot{V}_C$，电压 $\dot{V}$ 和电流 $\dot{I}$ 之间的相位差 θ 可通过以下关系式求得，

$$\tan\theta = \frac{V_C}{V_R}, \text{ 所以 } \theta = \tan^{-1}\left(\frac{V_C}{V_R}\right)$$

由于 $\dot{V}_R$ 和 $\dot{V}_C$ 的长度大小分别是：

$$V_R = RI、\quad V_C = \frac{1}{\omega C}I$$

所以

$$\theta = \tan^{-1}\left(\frac{V_C}{V_R}\right) = \tan^{-1}\left[\frac{I/(\omega C)}{RI}\right] = \tan^{-1}\left(\frac{1}{\omega CR}\right)$$

通过上式，我们可以计算出相位差 θ。

RC 串联电路的阻抗三角形如图 4.45 所示。阻抗 $\dot{Z}$ 的长度大小 Z 可利用直角三角形勾股定理，写成

$$Z = \sqrt{R^2 + \left(\frac{1}{\omega C}\right)^2}$$

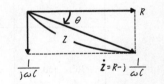

图 4.45　**RC 串联电路的阻抗三角形**

● 例　在图 **4.43** 中，对于 **R=10Ω**、**C= 100μF** 的元件，频率 **f = 60Hz**，交流回路中的阻抗 **Ż[Ω]**，求出其大小 **Z[Ω]**、电流和电压之间的相位差 θ。

答　$\dot{Z} = R + \dfrac{1}{j\omega C} + R - j\dfrac{1}{\omega C}$

$= 10 - j\dfrac{1}{2\times\pi\times 60\times 100\times 10^{-6}}(\Omega)$

$= 10 - j26.5(\Omega)$

$Z = \sqrt{R^2 + \left(\dfrac{1}{\omega C}\right)^2} = \sqrt{10^2 + 26.5^2} = 28.3\Omega$

$\theta = \tan^{-1}\left(\dfrac{1}{\omega CR}\right) = \tan^{-1}\left(\dfrac{26.5}{10}\right) = 1.21\text{rad} = 69.3°$

4-20 ▶ 交流的功率

▶【交流的功率】

和直流电完全不同。 cos 将要登场。

表 4.4　各种相位差的瞬间功率 p

位相差 $\theta \cdot \cos\theta$	电压 v、电流 i、瞬时功率 p

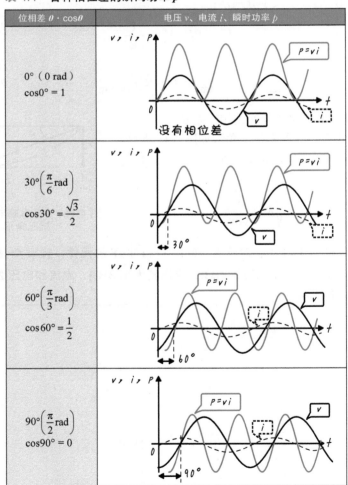

$0°$（0 rad） $\cos 0° = 1$	
$30°\left(\dfrac{\pi}{6}\text{rad}\right)$ $\cos 30° = \dfrac{\sqrt{3}}{2}$	
$60°\left(\dfrac{\pi}{3}\text{rad}\right)$ $\cos 60° = \dfrac{1}{2}$	
$90°\left(\dfrac{\pi}{2}\text{rad}\right)$ $\cos 90° = 0$	

1

电路的基础

2

直流电路

3

电磁学

4

交流回路

5

电气测量

6

非正弦交流
瞬态现象·

直流和交流的最大区别在于是否存在相位。直流回路，因为没有相位的存在，所以在分析功率时只需要考虑电压和电流大小就可以了。在交流回路中，电压和电流之间存在相位差，为此，交流回路中的功率不能完全地被发挥出来。接下来我们在直流回路中学到的功率知识的基础上，还需要拓宽我们的思考方式。

表 4.4 展示了相位差分别为 0、30°、60° 和 90° 时，交流电压 v(V) 和交流电流 i(A) 的波形图。同时，图中还绘制了将电压和电流的瞬时值相乘得到的瞬时功率，即 $p = vi$(W)。如果相位差为 0，那么瞬时功率 p 一定是正数。这是因为交流电压和交流电流总是以相同的符号出现。然而，随着相位差的增加，交流电压和交流电流存在不同符号的时间也变得越来越长。当相位差为 90° 时，正负功率以完全相同的比例出现，也就是可用的功率完全被抵消了，此时交流回路的功率为零。因此，不同的相位差，决定了交流回路不同的输出功率。

单位周期内的瞬时功率的平均值被称为有效功率，在电压为 V(V)，电流为 I(A)，二者间的相位角为 θ 时，有效功率的表达式如下[⊖]：

$$P = VI\cos\theta$$

● 例　　**求 100V · 2A 的电器产品，相位差为 60° 时的耗电量。**

> 答　　$P = VI\cos\theta = 100 \times 2 \times \cos 60° = 100\text{W}$

计算分析直流功率的情况下，只需要将电压和电流相乘即可，但是求解交流功率的情况下，还需要考虑到相位差，需要再乘上 $\cos\theta$。这个 $\cos\theta$ 被称为力率。力率也可以用百分比的形式来表示。另外，表示不能被消耗的功率被称为无功功率。$\sin\theta$ 表示无效率，无功功率 P_r 的表达式如下：

$$P_r = VI\sin\theta$$

P_r 单位为（var）（乏）。对比于直流功率，交流的 VT 被称为皮相功率，用（V · A）（伏安）的单位表示。

⊖　这个公式的推导过程有些复杂，本书将此省略。

4-21 ▶ 三相交流

具有三种不同相位的交流电流（电压）的回路被称为三相交流。如4-8章节所述，相位是表示波的位置信息。三相交流有三个相位，也就是有三个波，也就是由三个交流电源所构成。

更广泛地说，由多个交流电源所构成的电源被称为多相交流。与此相对，只有一个交流电源的被称为单相交流。如图 4.46 所示，为了使单相交流电源对外供电，需要在电源两端加上 2 根导线，一根是电流的流出路径（去程）；另一根是电流的返回路径（回程）。

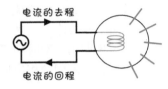

电流的去程

电流的回程

图 4.46　单相交流需要 2 根导线

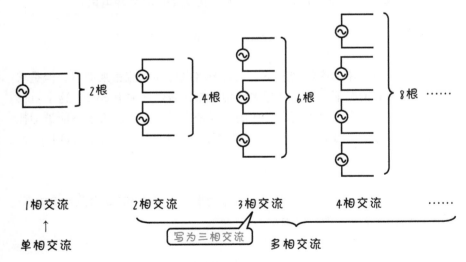

2根

4根

6根

8根……

1相交流
↑
单相交流

2相交流

3相交流

写为三相交流

4相交流

……

多相交流

图 4.47　多相交流电需要两倍于相数的导线

如图 4.47 所示，交流电源供电所需的导线数是相数的两倍。例如，2

相的情况下需要 4 根导线，3 相的情况下需要 6 根导线，8 相的情况下需要 16 根导线。另外，在只有一个交流电源时为 1 相交流，也可以被写成单相交流，意思是相同的，有 3 个电源的 3 相交流通常写成汉字的"三相交流"。回路系统中最常用的是单相交流和三相交流，这是由于人们长期以来习惯了用汉字而不是数字来书写相数。

多相交流电源在对外供电时所需的导线数量是可以减少的。如在图 4.48a）中，如果将所有电流返回路径（回程）用一根导线合并在一起，此时回路中所需的导线的数量为「相数 +1」。在图 4.48b）中，通过分别对电流的流出和返回路径（去程和回程）合并为一根导线，此时导线的数量也会被减少到「相数 +1」。无论是哪一种情况，三相需要 4 根，8 相需要 9 根，与图 4.47 相比大幅度地减少了所需导线的数量。如果继续往下读到 4-22、4-23、4-24 章节，就会发现还可以再减少一根导线，即所需的导线数量和相数是相等的。

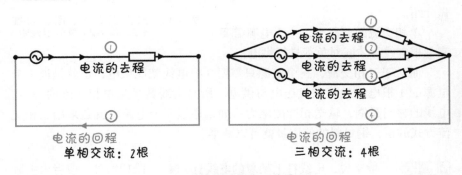

a) 把回程并为一根导线

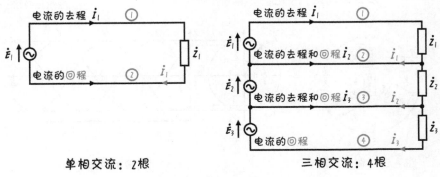

b) 一根导线同时作为去程和回程的路径

图 4.48　导线数减少到「相数 +1」

4-22 ▶ 为什么需要三相交流

❓ ▶【为什么需要三相交流】
便宜、 制作方便、 使用方便。

全世界，几乎所有的电力传输使用的都是三相交流系统，其原因是成本低。三相交流电源的接线方式可以采用三线对外界负载进行供电（见图4.49），这种调整方法我们将通过接下来的章节做介绍。

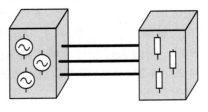

图 4.49 只需要 3 根（理由将在 4-23 和 4-24 章节中说明）

单相交流的情况下，一个电源需要有 2 根电线，才能对负载进行供电。

而对于三相交流，三个电源只需要 3 根电线就能供电，也就是说 1 个电源配 1 根电线就能完成送电与供电。所需电线数量是单相交流的一半。电线的材料是铜，输送相同的电力，如果通过三个电源也就是采用三相交流方式的话，铜材料的使用量就可以减半。

问题4-6 ▶ 一般来说，电线杆上架着的电线有3根[一]。眺望窗外，或者出去散步，请确认一下吧。

答案在 P.196

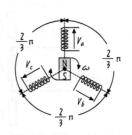

图 4.50 制作方法

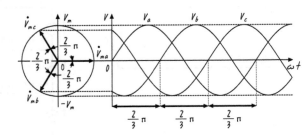

图 4.51 对应的波形

为了使供电的电线变成 3 根，诀窍就是要"省略去电流返回路径（回

――――――――
一 在日本国内通常都是 3 根电线。

1

电源的基础

2

直流电路

3

电路学

4

交流回路

5

电气测量

6

非正弦交流
瞬态现象

程）的电线"。为此，3 个电源瞬时电压的总和必须保持为零。在图 4.50 中显示了制作这三种电源结构的简单方法。如图所示，将三个线圈以间隔 $120°\left(=\dfrac{2}{3}\pi\right)$ 旋转方式排列，如果在其中心处旋转磁铁，线圈中就会以 $V_a \to V_b \to V_c \to V_a$ 的顺序产生感应电动势，如图 4.51 所示，分别对应了产生 $120°\left(=\dfrac{2}{3}\pi\right)$ 相位偏移的正弦交流电压。这个发电机只需要配置 3 个并分别间隔 120° 的线圈，这样的装置制作起来非常容易。而且，如果反向操作，将交流电输入这个发电机中，这个发电机就可以直接作为电动机使用。当接上三相交流电源时，三个线圈依次被导通，产生磁场会驱动中心的磁铁旋转。这样的三相交流制作起来非常简单并且使用方便。

如图 4.50 所示，大小相等，相位相差 $120°\left(=\dfrac{2}{3}\pi\right)$ 的三相交流被称为对称三相交流。如果用瞬时值来表示的话，

$$v_a = \sqrt{2}V\sin(\omega t)、\quad v_b = \sqrt{2}V\sin\left(\omega t - \frac{2}{3}\pi\right)、\quad v_c = \sqrt{2}V\sin\left(\omega t - \frac{4}{3}\pi\right)$$

用矢量表示的话，如下所示：

$$\begin{cases} \dot{V}_a = V\angle 0 \qquad\quad = V \\ \dot{V}_b = V\angle\left(-\dfrac{2}{3}\pi\right) = V\left(-\dfrac{1}{2} - j\dfrac{\sqrt{3}}{2}\right) \quad\cdots\cdots(\stackrel{\wedge}{\simeq}) \\ \dot{V}_c = V\angle\left(-\dfrac{4}{3}\pi\right) = V\left(-\dfrac{1}{2} + j\dfrac{\sqrt{3}}{2}\right) \end{cases}$$

如图 4.52 所示，$\dot{V}_a + \dot{V}_b$ 和 $\dot{V}_c$ 方向相反，大小相同（也就是 $-\dot{V}_c$）。于是有，

$$\dot{V}_a + \dot{V}_b + \dot{V}_c$$
$$= \left(\dot{V}_a + \dot{V}_b\right) + \dot{V}_c$$
$$= \left(-\dot{V}_c\right) + \dot{V}_c = 0$$

这样，就会明白。

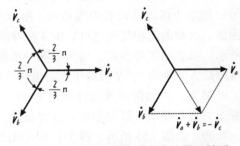

图 4.52 对称三相交流电的矢量和性质

问题 4-7 在式（☆）的右边（复数方程），试确认 $\dot{V}_a + \dot{V}_b + \dot{V}_c$ 等于 0。

答案在 P.196～197

149

4-23 ▶ Y—Y 接线

? ▶【Y—Y 接线】
省略回程路径。

　　图 4.54 中最上面的回路图与「4-21」章节中的图 4.48a）回路的接线图的连接思路是一样的，都是将电流的回程路径并为一根导线。把图稍微做下翻转，形成像 Y 字型的接线方式，如图 4.54 中间的回路接线图，这样看起来会不会更容易理解些呢？如图 4.53 所示，将电源和负载分别独立绘制，这种接线方式被称为 Y 接线（或称为树结接线）。

　　如果施加上对称三相交流电源，回程路径上通过的电流也会是对称的三相交流电流，这样回程路径上通过的电流在任何时刻都合计为零。用公式可表示为

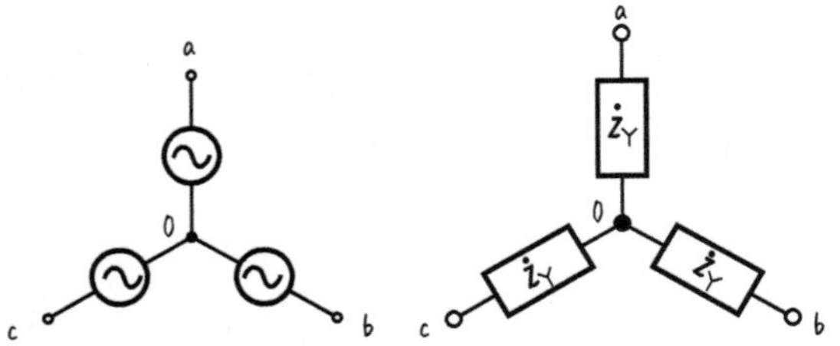

图 4.53　Y 接线

$$\dot{I}_a + \dot{I}_b + \dot{I}_c = 0$$

　　这个共同的回程路径被称为中性线，如果导线上的瞬时电流为零，也可以理解为该导线没有电流通过，所以省略这根中性线也是没有问题的。因此，对称的三相交流电可以由 3 根导线连接，如图 4.54 最底部的电路图所示，其省略了中性线。因为电源和负载分别是 Y 形接线方式，所以将这种接线方式称为 Y—Y 接线（有时也称为星形接线）。

　　那么，该如何计算这种采用 Y—Y 接线的对称三相交流电路呢？电路看上去有些复杂，处理起来会觉得很难，但实际操作和单相交流的计算是一样的。如图 4.55 所示，将 3 个不同相位的电源分别取出，分别计算即可。也就是说，和单相交流时一样，可以像下面的公式这样计算。

$$\dot{I}_a = \frac{\dot{V}_a}{\dot{Z}} \quad \dot{I}_b = \frac{\dot{V}_b}{\dot{Z}} \quad \dot{I}_c = \frac{\dot{V}_c}{\dot{Z}}$$

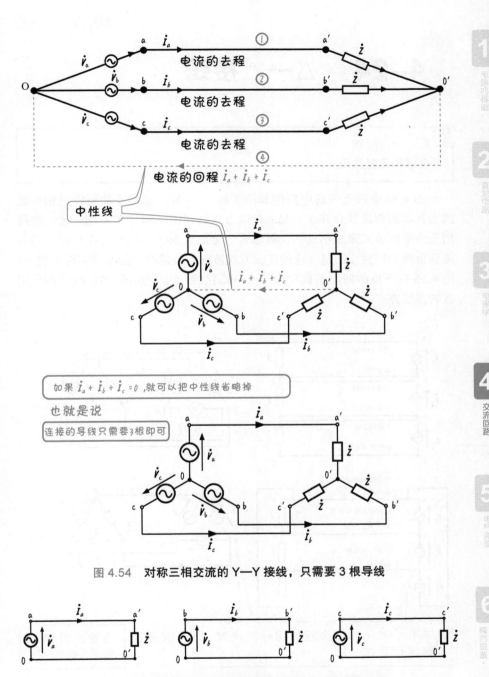

电流的去程

① 电流的去程

② 电流的去程

③ 电流的去程

④ 电流的回程 $\dot{I}_a + \dot{I}_b + \dot{I}_c$

中性线

$\dot{I}_a + \dot{I}_b + \dot{I}_c$

如果 $\dot{I}_a + \dot{I}_b + \dot{I}_c = 0$，就可以把中性线省略掉

也就是说

连接的导线只需要3根即可

图 4.54　对称三相交流的 Y—Y 接线，只需要 3 根导线

图 4.55　每个相位单独提取出来与单相交流的计算相同

1　电路的基础

2　直流电路

3　电磁学

4　交流回路

5　电磁测量

6　非正弦交流

编辑现象

4-24 ▶ △—△接线

▶ △—△接线

去程和回程并用。

图 4.56 中最上方的电路图和图 4.48b）一样，显示了如何将三相交流的去程和回程路径合并在一起的接线方式。如图 4.56 中的右图所示，线路用三角形的方式来表示的话，看起来会更加直观些。如图 4.57 所示，将电源和负载分别独立绘制，这种接线方式被称为△接线，用希腊字母△表示。图 4.56 右下角的回路图被称为"△—△接线"，因为电源和负载分别采用△的接线方式。

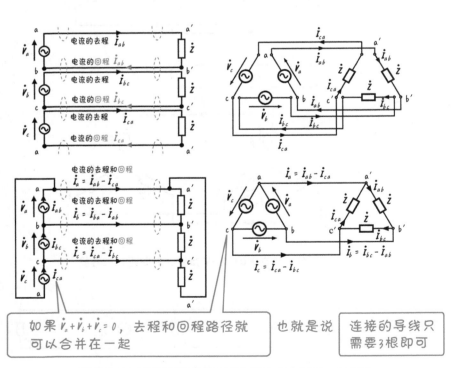

图 4.56　对称三相交流的△—△接线，只需要 3 根导线

在这里我们对去程和回程
路径能够合并在一起使用的机制
做说明。即使不是对称的三相交
流，也可以像图 4.48b）所绘制的
那样，将回路中导线的数量减少
到「相数 +1」。但是，如果要将
图 4.48b）回路中最上段的导线

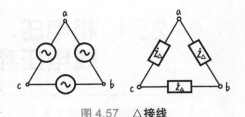

图 4.57　△接线

（仅去程）和最底端的导线（仅回程）合并在一起使用的话，就必须形成像
a → b → c → a →⋯的循环回路。 如果施加的是对称的三相交流电压，就
会有：

$$\dot{V}_a + \dot{V}_b + \dot{V}_c = 0$$

由于闭合回路[○] a → b → c 的电压会相互抵消，所以这个闭合的回路上
就不存在电动势，也就不会有电流流动。这样如果将最上段的导线和下端
的导线合并在一起同时使用，即将 a → b → c 闭合连接起来也完全没有什
么问题。因此，所有的去程和回程路径都可合并为一根导线，△—△接线
总共只需要 3 根导线即可。如果是非对称三相交流，这三个电源（或发电
机）的闭合的回路中就会有电流通过，电源会发热，这是非常危险的。

　　△—△接线和 Y—Y 接线一样，与单相交流的计算是相同的。如图 4.58
中所示，将 3 个不同相位的电源分别取出，分别计算即可。也就是说，和
单相交流时一样，可以按照下面的公式，

$$\dot{I}_{ab} = \frac{\dot{V}_a}{\dot{Z}} \quad \dot{I}_{bc} = \frac{\dot{V}_b}{\dot{Z}} \quad \dot{I}_{ca} = \frac{\dot{V}_c}{\dot{Z}}$$

分别计算就可以了。

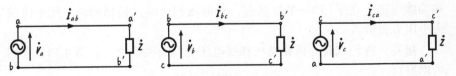

图 4.58　每个相位单独提取出来与单相交流的计算相同

○　关于闭合回路的电压计算可参照「 2 - 9 基尔霍夫定律 2：电压定律」章节内容。

4-25 ▶ 相电压、相电流、线电压和线电流

❓ ▶【Y—Y 接线的电压和电流】

$\sqrt{3}$「相电压」=「线间电压」 「相电流」=「线电流」

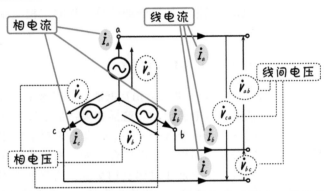

图 4.59　Y—Y 接线中的相电压、线间电压、相电流、线电流

　　三相交流的电压和电流可分为两类：分别根据是相位还是导线，即通过「相」和「线」进行区分。图 4.59 中三个电源的电压 $\dot{V}_a$、$\dot{V}_b$、$\dot{V}_c$，根据它们不同「相」位划分而成的电压，所以被称为相电压，它们的大小用 $\dot{V}_p$ 表示（p 是 phase「相」的首字母）；另一方面，$\dot{V}_{ab}$、$\dot{V}_{bc}$、$\dot{V}_{ca}$ 被称为线电压，因为它们表示的是「线」与「线」之间的电压，它们的大小用 V_l 表示（l 是 line「线」的首字母）。

　　通过三个电源的电流被称为相电流 $\dot{i}_a$、$\dot{i}_b$、$\dot{i}_c$，其大小用 I_p 表示。由于相电流直接通过导线传递，相同的 $\dot{i}_a$、$\dot{i}_b$、$\dot{i}_c$ 也流向连接的导线，所以也被称为线电流。在采用 Y—Y 接线时，相电流和线电流是相同的。线电流的大小用 I_l 表示。

　　接着，我们试着分析相电压和线电压之间的关系吧。从图 4.59，我们可以得到，

$$\dot{V}_{ab} = \dot{V}_a - \dot{V}_b \quad \dot{V}_{bc} = \dot{V}_b - \dot{V}_c \quad \dot{V}_{ca} = \dot{V}_c - \dot{V}_a$$

先考虑其中的一个相位，即先分析 $\dot{V}_{ab} = \dot{V}_a - \dot{V}_b$，绘制出矢量图，如图 4.60 所示。$\dot{V}_b$ 是比 $\dot{V}_a$ 慢 120° 的矢量，$-\dot{V}_b$ 是与 $\dot{V}_b$ 方向相反的矢量，所以 $-\dot{V}_b$ 和 $\dot{V}_a$ 间相差了 60°。$\dot{V}_a - \dot{V}_b$ 可以看作为 $\dot{V}_a + (-\dot{V}_b)$，就是图中的蓝色标记的矢量。将这个 $\dot{V}_a - \dot{V}_b$ 的长度标记为 V_l，求蓝色三角形这个边的长度。从点「b」向 $\dot{V}_a - \dot{V}_b$ 的蓝色矢量引一条垂线的话，会产生两个相同的直角三角形，V_l 的长度被平分。

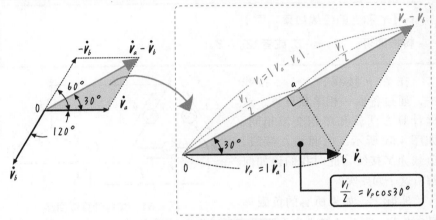

图 4.60　V_a - V_b 的矢量图解

直角三角形「oab」的夹角为 30°，斜边为 $V_p = |\dot{V}_a|$，底边为 $\dfrac{V_l}{2}$，由于

$$\frac{V_l}{2} = V_p \cos 30°，所以 V_l = \sqrt{3} V_p$$

也就是说，相电压 V_p 乘以 $\sqrt{3}$，就是线电压 V_l。

综上所述，Y—Y 接线的情况下，可以成立以下关系。

$$I_p = I_l \quad \sqrt{3} V_p = V_l$$

▶【（顺便一提）△—△接线的电压·电流】
「相电压」 = 「线电压」 $\sqrt{3}$「相电流」=「线电流」

由于篇幅的关系，这里就不做详细说明，如果采用△—△接线，以下公式成立。

$$\sqrt{3} I_p = I_l \quad V_p = V_l$$

4-26 ▶ Y—△变换

▶【Y 和△的接线如果不同】

转换即可。$\dot{Z}_Y = \frac{1}{3}\dot{Z}_\triangle$ 或者 $3\dot{Z}_Y = \dot{Z}_\triangle$

在 Y—Y 接线和△—△接线中，通过各取一相单独计算，这样计算方法就和单相交流相同。如图 4.61 所示，电源为△接线，负载为 Y 接线，此时我们该如何解析这个回路呢？

实际上，如果所有的负载都

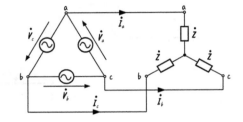

图 4.61　如何计算该回路

是 $\dot{Z}$ 的话，那么 Y 接线和△接线间可以很容易地实现相互转换。首先我们先把负载的 Y 接线转换为△接线的方式，然后再对△—△接线进行分析计算，△—△接线的计算在前面的章节做了详细的介绍，并不难。

为了使图 4.62 中的 Y 接线和△接线的合成负载相同，接下来我们要来考虑下如何对 $\dot{Z}_Y$ 和 $\dot{Z}_\triangle$ 进行换算。因为无论从 ab、bc 还是 ca 之间上看，负载都是对称的，所以得到的结果也应该是一样的。

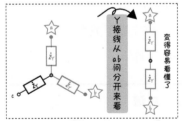
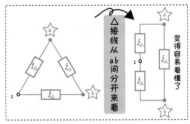

图 4.62　Y—△变换

这里我们将研究 ab 之间的关系。为了便于计算和观察，我们重新绘制了图 4.62 右边的接线图。Y 接线中从 a 到 b 可视为是将两个 $\dot{Z}_Y$ 做串联连接。阻抗由以下公式给出：

$$2\dot{Z}_Y$$

1 电路闪基础

2 直流电路

3 电磁学

4 交流回路

5 电波测量

6 非正弦波交流 瞬态现象

另一方面，在△接线中，在 a 和 b 之间，是由「两个 $\dot{Z}_\triangle$ 串联」后再和「一个 $\dot{Z}_\triangle$」并联在一起，阻抗变成[⊖]

$$\frac{(2\dot{Z}_\triangle)\cdot\dot{Z}_\triangle}{(2\dot{Z}_\triangle)+\dot{Z}_\triangle}=\frac{(2\dot{Z}_\triangle^2)}{(3\dot{Z}_\triangle)}=\frac{2}{3}\dot{Z}_\triangle$$

如果要使它们相等的话，那么 $2\dot{Z}_Y=\frac{2}{3}\dot{Z}$。也就是说，

$$\dot{Z}_Y=\frac{1}{3}\dot{Z}_\triangle \quad \text{或者} \quad 3\dot{Z}_Y=\dot{Z}_\triangle$$

这样它们之间就可以完成换算。

● 例 **在图 4.61 的对称三相交流回路中，当 V=120V、Z=5Ω 时，求电流 I(A)。**

答 为了将负载从 Y 接线转换为△接线，由 $\dot{Z}=3\dot{Z}_Y$ 可知，将 Y 接线的阻抗乘以 3 倍就可以了，如图 4.63 所示，下式是回路中作用相同的△接线的阻抗。

$Z_\triangle=3\cdot5\Omega=15\Omega$

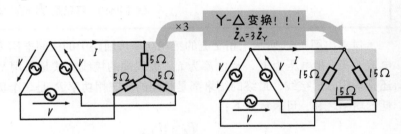

图 4.63 Y—△变换

这样就可以用△—△接线进行思考了。如果单独取出 1 相，在图 4.64 中求电流 I 即可。因此，可以用下式求出。

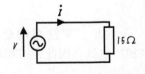

图 4.64 **单独 1 相的回路**

$$I=\frac{V}{Z_\triangle}=\frac{120}{15}A=8A$$

⊖ $\dot{Z}_1$ 和 $\dot{Z}_2$ 在串联连接的时候，合成阻抗为 $\dot{Z}_1+\dot{Z}_2$。如果是并联连接的时候，合成阻抗为 $\frac{\dot{Z}_1\dot{Z}_2}{\dot{Z}_1+\dot{Z}_2}$。这和合成电阻的求法是完全相同的。

157

4-27 ▶ 三相电力

如在 4-20 章节中学习过的，当交流电压为 V，电流为 I、相位差为 θ，此时的交流功率 P_1 表示为

$$P_1 = VI\cos\theta$$

这种单相交流的功率 P_1 被称为单相功率。与之相对应，三相交流的功耗被称为三相功率。

❓ ▶【三相功率】

从相位上看，　可分为 3 个部分　$P_3 = 3\,V_p\,I_p\cos\theta = 3\,P_1$
　　　　　　　　　　　　　　　　　相（phase）可见分为 3 个部分

从线间关系是 $\sqrt{3}$ 倍　　　　$P_3 = \sqrt{3}V_l\,I_l\cos\theta$
　　　　　　　　　　　　　　　　　线（line）可见是 $\sqrt{3}$ 倍的关系

试求出图 4.65 所示三相交流的三相功率。回路中的线间电压为 V_l，线电流为 I_l，相电压为 V_p，相电流为 I_p。负载端的接线方式是采用 Y 形接线还是采用 △ 形接线，最终的结果都是相同的。三相功率 P_3 是三个负载所消耗的功率之和，可表示如下：

$$P_3 = 3P_1$$

P_1 是其中一个相位的功率，所以 P_1 为

$$P_1 = V_p I_p \cos\theta$$

这里，要注意的是上面式子中的电压和电流对应的"相"电压和"相"电流。因此，三相功率的公式为

$$P_3 = 3\,V_p I_p \cos\theta \qquad （相）$$

上述式中，用的是相电压和相电流来表示功率。

实际中，用电压表或电流表实际测量相电压和相电流是非常麻烦的，因为必须重新连接负载中的导线。有些负载在运行时的接线是不能改变的，例如电机等。因此，让我们试着用线电压和线电流来表示三相功率。

1 电路的基础

2 直流电路

3 电磁学

4 交流回路

5 电气测量

6 非正弦交流现象

当负载是 Y 形接线时 根据 $V_p = \dfrac{V_l}{\sqrt{3}}$、$I_p = I_l$ 的关系，

可以得到[-]：

$$P_3 = 3V_p I_p \cos\theta = 3 \cdot \frac{V_l}{\sqrt{3}} I_l \cos\theta = \sqrt{3}\, V_l I_l \cos\theta$$

当负载是 △ 形接线时 $V_p = V_l$、$\sqrt{3}\, I_p = I_l$ 可写为 $I_p = \dfrac{I_l}{\sqrt{3}}$

可以得到：

$$P_3 = 3V_p I_p \cos\theta = 3 \cdot V_l \cdot \frac{V_l}{\sqrt{3}} \cos\theta = \sqrt{3}\, V_l I_l \cos\theta$$

总而言之，不管负载是 Y 形接线还是 △ 形接线，在这两种情况下，三相功率都由以下公式给出：

$$P_3 = \sqrt{3} V_l I_l \cos\theta \qquad （线）$$

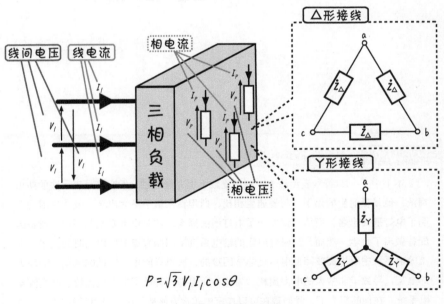

图 4.65 **求三相功率**

[-] 因为 $3 = \sqrt{3} \cdot \sqrt{3}$，所以 $\dfrac{3}{\sqrt{3}} = \dfrac{\sqrt{3} \cdot \sqrt{3}}{\sqrt{3}} = \sqrt{3}$。

第4章 练习题

[1] 对于瞬时值为 $v = 100\sqrt{2}\sin 120\pi t(\text{V})$ 的电压，求出以下各值：

（1）最大值（2）平均值（3）有效值（4）角频率（5）频率（6）周期

[2] 当 *RL* 串联电路为 $R = 6\Omega$，$\omega L = 8\Omega$ 时，求出阻抗的大小。

[3] 当对上述问题中的 *RL* 串联回路施加 10V 的电压时，请用正交坐标表示回路中的电流，并在此基础上求出功率因素和有效功率。

[4] 试用矢量相加的方法证明三相交流的 3 个电压之和为 0。

[5] 在右图中，*V* = 200V 时，求电流 *I*。另外，假设功率因数为 1，求出三相功率。

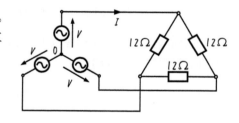

答案：P.197～200

COLUMN 一个叫斯坦梅茨的人

　　本书中（4-15 符号表示法 3：利用复数）也有登场过，发明符号表示法的斯坦梅茨，他是爱迪生的弟子。与爱迪生相比，斯坦梅茨似乎不太出名。爱迪生因为发明了电灯泡而出名，而他不仅发明了电灯泡的插座，还对供电系统和周边等设备的配备做出了贡献。然而，当时爱迪生的输电系统采用的直流电。以当时的技术在直流输电系统中要提高或降低电压是非常困难的，所以只能用比较低的电压传输较大的电流，导致了非常大的电力损耗。为此，斯坦梅茨普及了电力损耗较小的交流输电系统。在他的努力下，我们现在可以在家中非常方便地使用上电力了。

第5章

电气测量

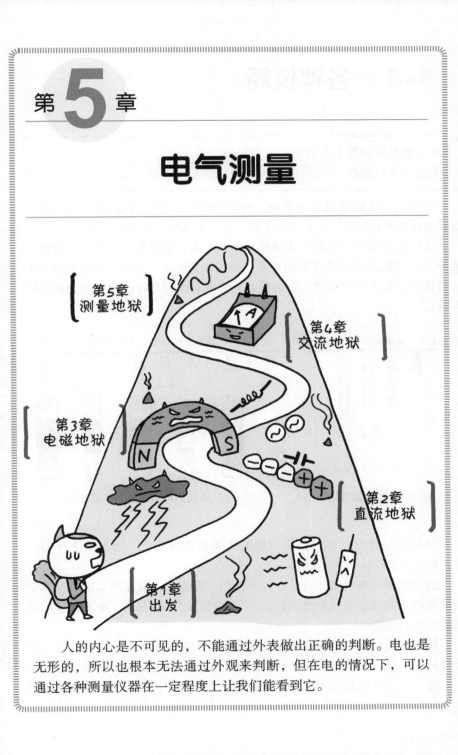

第5章
测量地狱

第4章
交流地狱

第3章
电磁地狱

第2章
直流地狱

N S

第1章
出发

人的内心是不可见的，不能通过外表做出正确的判断。电也是无形的，所以也根本无法通过外观来判断，但在电的情况下，可以通过各种测量仪器在一定程度上让我们能看到它。

5-1 ▶ 各种仪器

【电是肉眼看不见的】
可以让指针摆动。

因为通过肉眼是看不见电的，所以当试图测量电压或电流的数值时，有必要让它变得可见。让我们来了解一下人类是如何测量电的吧。

我们在这里要学习的仪表被称为指示电表，它将电流转换为使指针摆动的力。这里用到的是弹簧的性质。如图 5.1 所示，为各种不同重量的小球被挂在弹簧上面的样子。重量越重，也就是拉力越大，弹簧就会被拉伸得越长[一]。

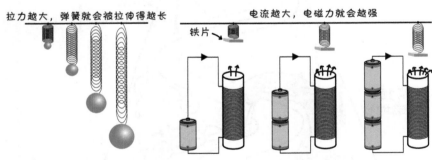

拉力越大，弹簧就会被拉伸得越长　　　电流越大，电磁力就会越强

铁片

图 5.1　**弹簧的性质**　　　图 5.2　**电磁力与电流的大小成正比**

利用这一特性，让我们将一块铁片固定在弹簧上，用电磁铁吸引铁片，如图 5.2 所示。

通过线圈的电流越大，电磁铁的作用力就越大，因此就可以根据弹簧拉伸或收缩的情况来判断电流的大小。你可以明显地看到，电流越强，弹簧被拉伸的幅度也越大。

接下来我们可以把指针接到弹簧的铁片上并进行校准，这样就可以通过弹簧的拉伸长度计算出作用于弹簧的力，最后再换算成电流就可以了。

那么，实际的仪表是如何测量电的呢？我们将一边介绍两种常用的仪

―――――
○　这方面有一个精确的表述，叫作"胡克定律"。

器一边进行说明。首先，图 5.3 所示的是永磁可动线圈形仪表。顾名思义，线圈两侧各有永磁铁，线圈可以通过中心轴转动。将想要测量的电流通过这个线圈，此时线圈产生的电磁力会与两侧磁铁间产生相互作用，使线圈中心轴上的指针发生摆动。作用在线圈上的电磁力，同时也被施加在连接到线圈底部的卷弹簧上，当弹簧的排斥力与电磁力平衡时，指针就会停止摆动。

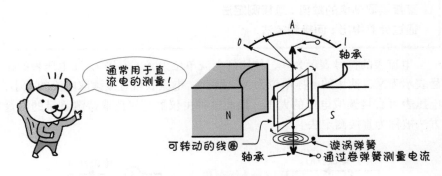

图 5.3　永磁可动线圈形仪表

　　图 5.4 是可动铁片形仪表。在图 5.2 中，通过作用在铁片和电磁铁间的「吸引力」来移动铁片。在实际的可动铁片形仪表中，利用的是作用在两个铁片上的排斥力。在两个铁片周围放置电磁铁，使其磁化，利用两个铁片间排斥力使安置在可动铁片上的指针发生摆动。永磁可动线圈形仪表通常用于直流电的测量，可动铁片形仪表通常用于交流电的测量。

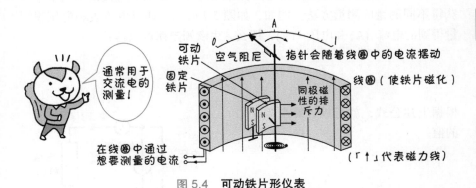

图 5.4　可动铁片形仪表

5-2 ▶ 各种各样的测定法

❓ ▶ 【其是否保持原样呢？】
直接读取刻度的数值：直接测定法
通过计算得出：间接测定法

电流表的符号表示为Ⓐ，使用的电流单位为 A（安培），而电压表的符号表示为Ⓥ，使用的电压单位为 V（伏特）。电流表可直接读取电流的大小，电压表可直接读取电压的大小，因此这种由仪器直接读取待测量量的测量方法被称为直接测定法。

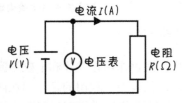

图 5.5　电压的测定（直接测定法）

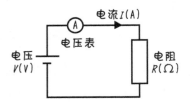

图 5.6　电流的测定（直接测定法）

另一种测量方法是间接测定法，即通过计算由仪器直接读取的量，来获得不同的量的测量方法。例如，如图 5.7 所示，通过电流表和电压表测量得到的电流 I(A) 和电压 V(V)，那么，由欧姆定律可以得：

$$R = \frac{V}{I}$$

根据上述公式，就可以计算电阻 R(Ω) 的值。

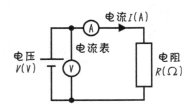

图 5.7　电阻的测定（间接测定法）

1 电路的基础

2 直流电路

3 电磁学

4 交流电路

5 电气测量

6 非正弦交流现象

图 5.8 展示了使用体重秤测量体重的过程。从体重秤上的刻度上直接读出被测人或物的体重或重量。当体重计上没有物体时，它被设定为基准的 0kg。因此，我们可以使用偏位法读取指针在基准值 0kg 上偏移的量来获取体重的测量值。像这样，以零为基准值，通过读取指针在基准值指针摆动程度的测定方法被称为偏位法。

另一方面，图 5.9 展示了使用天平测量重量的过程。天平通过使被测物体的重量和砝码的质量平衡，使指针指在刻度为零的位置。此时砝码的质量和被测物体的重量是相等的。像这样，参照一个标准让指针指示零位的测定方法被称为零位法。

图 5.8　**体重秤（偏位法）**

图 5.9　**天平（零位法）**

偏差法被用于大多数测量电的仪器中。电流表和电压表采用的也是偏移法。在使用零位法的电测量中最有名的应当是惠斯通电桥$^{\ominus}$。在图 5.11 的回路中，改变可变电阻 $R_r(\Omega)$，当检流计指针变为 0 时，未知电阻 $R_X(\Omega)$ 可表示为

$$R_X = \frac{R_Z}{R_W} R_Y$$

这样就可以求出未知电阻的值了。

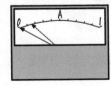

图 5.10　**电流表（偏位法）**

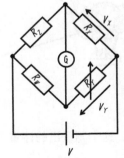

图 5.11　**惠斯通电桥（零位法）**

⊖　请参照 [2-11 惠斯通电桥] 章节

5-3 ▶ 测定定量的处理：有效数字和误差

到哪一位为止才有意义？

图 5.12 显示了一个正在用于测量体重的秤，右边是刻度盘被放大的图像。这时，秤上的指针指在 10 和 12 之间。也就是说，

$$10\,kg < 体重 < 12\,kg$$

这个体重秤最小的刻度是 1kg。也就是说，小数点后 1 位的值，必须由测定的人自己判断。作者认为这个测量值为

$$11.2\,kg$$

在这里读取了比最小刻度小 1 位数的数值。但是有些人可能认为是 11.1kg 或 11.3kg。这些数值并没有错误，都可以由测量的人来决定。

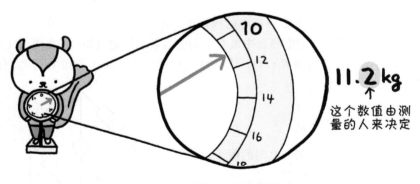

图 5.12　**体重测量和有效数字**

那么，这个测量出的体重 11.2kg，这样标记的话会怎么样呢？

$$11.2000\,kg$$

是不是感觉有些奇怪呢？最小刻度只有到个位，怎么能准确地知道小数后

的第 2 位到第 4 位是 0 呢？这个标记很明显是错误的。用这个体重秤测量时，精确到小数点第 2 位后的数值完全没有意义。这个刻度下不可能测量出这样的精度。

像这样，测量的数值根据标记的不同，有时是有意义的数字，有时又会变为没有意义的数字。前面提到的 11.2kg 都是有意义的数字，然而对于 11.2000kg 中后面的 000 是没有意义的数字。因此，被标记的有意义的数字被称为有效数字。另外，有效位数指的是有效数字的位数。比如，测量得到的有效数字 11.2 kg 的有效位数就是 3。

问题 5-1 下列数值的有效位数是多少？

（1）3.14　　（2）3.1415　　（3）3.141592　　（4）3.1415926535

答案在 P.200

▶【误差】
与标准的偏差。

假设你在超市买了 200g 猪肉。包装上标注着 200g。但是，用自己家的电子秤称了一下，里面只有 198g，少了 2g。这里，标签上标明的标准量被称为表值或真值，实际测量值与表值之间的差异被称为误差，用以下公式表示。

$$（误差）=（测量值）-（表值）$$

所以，在这个猪肉的案例中的误差是：

$$（误差）=（测量值）-（表值）=198g-200g=-2g$$

表值与误差的比例称为误差率，由下式表示。

$$（误差率）=\frac{（误差）}{（表值）}=\frac{（测定值）-（表值）}{（表值）}$$

这个猪肉中的误差率为

$$（误差率）=\frac{（误差）}{（表值）}=\frac{-2g}{200g}=-0.01=-1\%$$

167

5-4 ▶ 分流器和倍率器

▶【分流器】

充分利用电流表。 使用电阻来释放电流。

突然打个比方。如图 5.13 所示，从前，在经常泛滥的河流附近有一个村庄，平时这条河只能通过 1A。但是，如果下大雨的话，它可以流过 5A。村民们怎么做才能防止洪水泛滥呢？

解决方法之一是修建运河。如图 5.14 所示，避开村庄，如果能修建一条分流 4A 的运河，就能防止泛滥。

图 5.13　只能通过 1A 的河

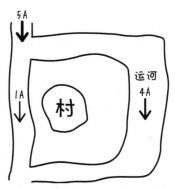

图 5.14　建设可以通过 4A 的运河

让我们利用电流表来解决这个问题。电流表最大只能测量 1A。如果我们想用这个电流表测量 5A 的电流。在这种情况下，如图 5.15 所示，将电阻 $r_s(\Omega)$ 并联连接上电流表，并调节电阻 $r_s(\Omega)$，使通过电流表的电流为 1A，通过电阻 $r_s(\Omega)$ 的电流为 4A。这样一来，电流表的测量范围就可以扩展到 5A。像这样能扩大电流表测量范围的电阻 $r_s(\Omega)$ 被称为分流器。

此时，考虑分流器的电阻 $r_s(\Omega)$ 为多少比较好。将电流表原本的内部电阻 r_a 设为 1Ω。此时，利用欧姆定律，可求得电流表两端的电压 $r_s(V)$ 为

$$V_s = 1\text{A} \cdot r_a = 1\text{A} \cdot 1\Omega = 1\text{V}$$

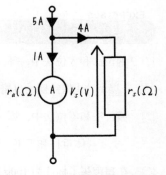

通过 $r_s(\Omega)$ 的电流为 4A，由于是并联连接 $r_s(\Omega)$ 两端的电压也是 $V_s = 1\text{V}$，根据欧姆定律，

$$r_s = \frac{V_s}{4\text{A}} = \frac{1\text{V}}{4\text{A}} = 0.25\Omega$$

由此，我们便可确定分流器电阻的大小了。

图 5.15　向分流器释放电流

▶【倍率器】
充分利用电压表。　利用电阻来分散电压。

就像分流器一样，电压表也可以使用电阻来扩大电压表的测量范围。在这种情况下，用于分配电压的电阻被称为倍率器。

如图 5.16 所示，假设电压表最大的测量范围为 1V。电压表的内阻为 $r_a = 100\text{k}\Omega$。如果，想让这个电压表能够测量到 10V 时，该怎么办呢？接下来，我们将说明如何利用倍率器使这个电压表能够测量到 10V。首先，将倍率器 r_s 与电压表串联连接。然后，调节 $r_s(\Omega)$ 的大小，使分配到倍率器上的电压为 10V - 1V = 9V。

根据欧姆定律，通过电压表的电流 $I_s(\text{A})$ 为

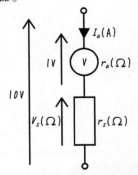

图 5.16　分配电压到倍率器上

$$I_s = \frac{1\text{V}}{r_a} = \frac{1\text{V}}{100\text{k}\Omega} = 0.01\text{mA}$$

因为是串联连接，所以通过倍率器的电流也是 $I_s(\text{A})$，根据欧姆定律，

$$r_s = \frac{V_s}{I_s} = \frac{9\text{V}}{0.01\text{mA}} = 900\text{k}\Omega$$

由此，我们便可确定倍率器电阻的大小了。

1 电路的构成
2 直流电路
3 电磁学
4 交流电路
5 电气测量
6 非正弦交流

第 5 章　练习题

[1]　偏位法和零位法中，哪一种测量的准确度会更高呢？结合原理请考虑一下。

　　提示 | 让指针摆动也需要能量

[2]　偏位法和零位法中，哪一个更容易测量呢？

　　提示 | 体重秤和天平

[3]　在超市买了标注为 100g 的蚬贝。拿回去用电子秤一测重量有 102g。求出此时的误差和误差率。

[4]　我在超市买了标注为 1.5V 的电池。带回去，用电压表测量电池电压，有 1.67V。求出此时的误差和误差率。

[5]　将分流器连接到内部电阻为 2Ω，测量范围到 5A 的电流表，当你想测量到 10A 的时候，请求分流器的电阻值。

　　答案：P.200～201

COLUMN　品尝和测量行为

　　在做菜的时候通常会先尝尝食物的味道。如果菜量多的时候，被品尝的量就完全不明显，根本不需要担心这个问题。但是，如果菜量少的时候，过度品尝的话，做的菜就没剩下多少了。

　　提到这一点也许会令人惊讶，但测量的行为总是会改变被测量的对象。这和品尝的道理是一样的。例如，在测量电流时，电流通过电流表，使电表的指针发生摇动。这时，产生的电磁力会消耗能量，会消耗一部分通过电流表的电流。

　　只有当测量时，对于被测对象的原始状态产生的影响非常有限时，这样的测量才被认为有意义。

第 **6** 章

瞬态现象·非正弦交流

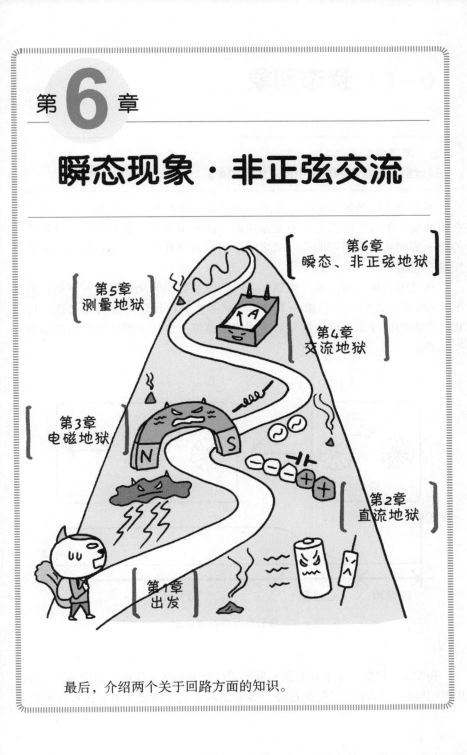

第6章
瞬态、非正弦地狱

第5章
测量地狱

第4章
交流地狱

第3章
电磁地狱

N   S

第2章
直流地狱

第1章
出发

最后，介绍两个关于回路方面的知识。

6-1 ▶ 瞬态现象

? ▶【瞬态现象】
过渡到稳定状态的过程中所发生的现象。

当你打开灯的那一瞬间，房间一下子就变得更亮了。但是，灯真的是在瞬间变亮的吗？事实上，不是这样的。通常情况下，在电灯开关被打开的那一刻和它变得稳定的那一刻之间会出现各种现象，但是我们的肉眼是很难观察到的。

通过电的现象有点难以想象，让我们以自行车为例来思考一下吧。如图 6.1 所示，我们可以想象一下自行车从静止到以恒定速度行驶的这一过程。停着的自行车不可能瞬间就达到恒定速度。自行车的速度应该是逐渐提高的。

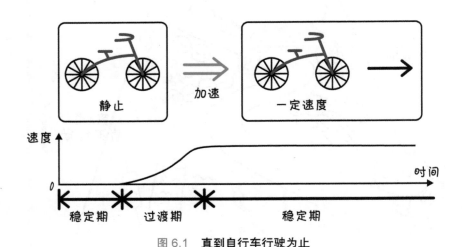

图 6.1　直到自行车行驶为止

在图 6.1 的自行车下方的图形显示了自行车如何从静止（速度为 0）的状态到以恒定的速度行驶的过程。观察图的左边（速度为 0）和右边（恒

定速度），在这两种情况下，速度都分别保持相同的状态。我们把这段时间称为稳定期；另一方面，在图的中间部分，速度逐渐提升。像这样，从一种稳定状态向另一种稳定状态过渡的期间被称为过渡期。

过渡期发生的现象被称为过渡现象或瞬态现象。在电气的世界中，瞬态现象也会在各种各样的情况下出现。与自行车的例子最接近的是发电机。如图 6.2 所示，试着把自行车想象为发电机，转动轮子让其发电[⊖]。

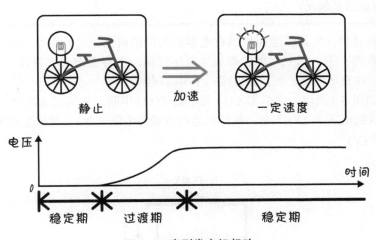

图 6.2 **直到发电机起动**

最初的静止状态，发电机输出的电压是 0V。让这个发电机旋转，加速到一定的电压。发电机不可能在一瞬间获得转速，所以电压应该一点点上升，直到达到某个恒定的电压。于是，如图 6.2 下方的图所示，发电机输出的电压有一个从电压为 0V 的稳态向一个固定电压的稳态转变的过渡期。

问题 6-1 ▶ 功率大的发电机和功率小的发电机，哪个过渡期比较长呢？

答案在 P.201

⊖ 其实应该演示火力发电或水力发电等，但是为了捕捉身边的瞬态现象，用转动自行车车轮发电作为例子。

6-2 ▶ 电容器的瞬态现象

▶【电容器的瞬态现象】
充电需要时间。

在这里，将直流电压源加在电容器两端的时候，会发生什么现象呢？试着思考一下。如果对电容器施加电压的话，电容会被充电并存储电荷。然而，在充电完成之前，会出现一个瞬时现象。

如图 6.3 所示，电容器 $C(\mathrm{F})$ 与电阻 $R(\Omega)$ 串联，将开关 S 闭合。电容器两端的电压 $V_C(\mathrm{V})$ 不是一瞬间就达到电源的电压 $V(\mathrm{V})$，而是逐渐提升到接近 $V(\mathrm{V})$[⊖]。

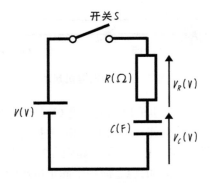

图 6.3　**电容器的充电**

图 6.4 显示了 $V_C(\mathrm{V})$ 的瞬态现象的变化过程。当闭合上开关时，$V_C(\mathrm{V})$ 逐渐上升，并接近电源电压 $V(\mathrm{V})$。开关闭合后 $t(\mathrm{s})$ 与电容电压 $V_C(\mathrm{V})$ 之间的关系可通过下式表示[⊖]。

$$V_C = \left(1 - \varepsilon^{-\frac{t}{RC}}\right)V$$

⊖　这里，一开始时电容处于没有被充电的状态（$V_C = 0(\mathrm{V})$）。
⊖　该公式是先通过基尔霍夫电压定律得到 $V = V_C + V_R$，再利用微分方程的形式求解得出。

这里，ε 被称为自然对数的底数，$\varepsilon = 2.71828\cdots$。

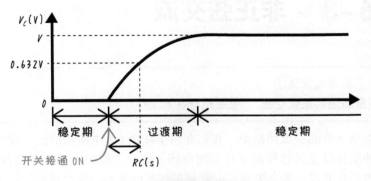

图 6.4　电容器过渡现象

开关接通后经过 $RC(\mathrm{s})^{\ominus}$ 时，也就是 $t = RC$ 时，代入上述公式可得：

$$V_C = \left(1 - \varepsilon^{-\frac{RC}{RC}}\right)V = \left(1 - \varepsilon^{-1}\right)V = \left(1 - \frac{1}{2.71828\cdots}\right)V = 0.632V$$

也就是说，电容的电压 $V_C(\mathrm{V})$ 要达到电源电压的 0.632 倍时所需要的时间是 $t = RC(\mathrm{s})$。通过这个时间就可了解到电容充满所需的大致时间，所以被称为时间常数。

● 例　**在 RC 串联的回路中，$R = 1\mathrm{k}\Omega$, $C = 100\mu\mathrm{F}$ 时，求时间常数。**

答
$$\begin{aligned}
RC &= \left(1\times10^3\right)\times\left(100\times10^{-6}\right) \\
&= 1\times100\times10^{3-6}\mathrm{s} \\
&= 100\times10^{-3}\mathrm{s} \\
&= 0.1\mathrm{s}
\end{aligned}$$

⊖　电阻 $R(\Omega)$ 和电容 $C(\mathrm{F})$ 相乘，得到值的单位为 s（秒）。我们试着推导下这个换算的过程。根据欧姆定律，$\Omega = \dfrac{V}{A}$。另外根据静电容量的关系式 $Q = CV$，得到 $F = \dfrac{C}{V}$。所以就有 $\Omega \cdot F = \dfrac{V}{A} \cdot \dfrac{C}{V} = \dfrac{C}{A}$。这里，在根据 $Q = It$，得到 $C = A \cdot s$（秒），代入可得：$\Omega \cdot F = \dfrac{V}{A} \cdot \dfrac{As}{A} = s$。

1 电路的基础
2 直流电路
3 电磁学
4 交流电路
5 电子测量
6 非正弦交流·瞬态现象

6-3 ▶ 非正弦交流

❓ ▶【非正弦交流】

不是理想的正弦交流。 但是也存在周期性。

在第 4 章的交流回路中，我们介绍了如图 6.5 中所示的波。发电站所输出的电压就是像这样的正弦交流电压。然而在现实中如果有设备介入，这样的正弦波很可能会失真，也就是正弦波的波形会发生扭曲。接下来我们对这种现象做一个概述并描述简单的处理方法。

整齐的波形

图 6.5　**正弦交流**

如图 6.6 所示，将线圈缠绕在铁心上，如果在线圈两端加上正弦波交流电压 v(V)，线圈上就有电流 i(A) 通过。如图 6.7 所示，通过的电流 i(A) 与正弦交流电流的波形不大一样。发生这种现象是铁心具有的滞回性质所导致的。在现实世界的电路中，很多设备都会像这样使波形发生扭曲。

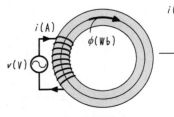

图 6.6　**向缠绕铁心的线圈施加正弦交流电压**

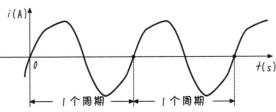

图 6.7　**电流变为非正弦的交流电流**

仔细观察图 6.7 的电流 i(A) 的波形，会发现一个规则。虽然波形是扭曲的，但是也具有一定的周期。像这样，即使不是理想的正弦交流，但具有一定周期的交流被称为非正弦交流或失真交流。

傅里叶老师对非正弦交流进行了非常详细的研究。根据他的研究，当把各种不同频率的正弦交流叠加在一起时，可以产生非正弦交流。此外，各种频率又与基频有关，都是基频的整数倍。这些不同频率的正弦交流的组合，被称为傅里叶级数。

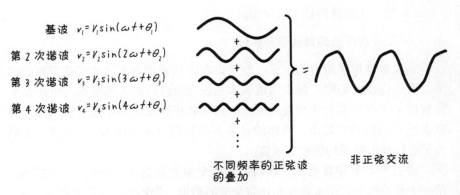

基波 $v_1 = V_1 \sin(\omega t + \theta_1)$
第 2 次谐波 $v_2 = V_2 \sin(2\omega t + \theta_2)$
第 3 次谐波 $v_3 = V_3 \sin(3\omega t + \theta_3)$
第 4 次谐波 $v_4 = V_4 \sin(4\omega t + \theta_4)$

不同频率的正弦波的叠加

非正弦交流

图 6.8　非正弦交流电的构成（示意图）

非正弦交流可以由不同频率的正弦交流组合而成，其中频率最小的正弦交流被称为基波。频率为基波频率两倍的正弦波称为 2 次谐波。频率为基波频率 n 倍的波，被称为第 n 次谐波。

6-4 ▶ 非正弦交流的处理

非正弦交流的处理是非常麻烦的。这是因为由许多不同频率的正弦交流叠加在一起，导致信息量非常大。对于各个不同频率的正弦交流，需要两个重要信息：最大值和相位。例如：取到第 3 次谐波为止，就需要以下 6 个信息。

- 基波的最大值和相位

- 第 2 次谐波的最大值和相位

- 第 3 次谐波的最大值和相位

如果你掌握了所有的信息，就可以非常精确地表示出非正弦交流的波形，但这也没有必要。如果知道该非正弦交流波形的大致形貌，也能在某种程度上把握该非正弦交流的性质。其实非正弦交流和正弦交流一样，可以求出平均值和有效值。具体的计算方法我们将不再展示了，表 6.1 中列出了各种波形的平均值和有效值。

通过平均值和有效值，我们引入两个参数来描述非正弦交流的特征，第一个是波形率，用来表征非正弦交流的平坦 / 平滑度，由下式表示：

$$波形率 = \frac{实效值}{平均值}$$

另一个是波高率，用来表征非正弦交流的锐度，由下式表示：

$$波高率 = \frac{最大值}{实效值}$$

由表 6.1 可知，例如正弦波交流的波高率为 1.41，三角波的波高为 1.73。可以说三角波比正弦波交流更锐利。

表 6.1 各种波形的平均值、有效值、波形率、波高率

名称	波形	平均值	有效值	波形率	波高率
正弦波		$\dfrac{2V_m}{\pi}$	$\dfrac{V_m}{\sqrt{2}}$	$\dfrac{\pi}{2\sqrt{2}}=1.11$	$\sqrt{2}=1.41$
全波整流波		$\dfrac{2V_m}{\pi}$	$\dfrac{V_m}{\sqrt{2}}$	$\dfrac{\pi}{2\sqrt{2}}=1.11$	$\sqrt{2}=1.41$
半波整流波		$\dfrac{V_m}{\pi}$	$\dfrac{V_m}{2}$	$\dfrac{\pi}{2}=1.57$	2
方形波		V_m	V_m	1	1
三角波		$\dfrac{V_m}{2}$	$\dfrac{V_m}{\sqrt{3}}$	$\dfrac{2}{\sqrt{3}}=1.15$	$\sqrt{3}=1.73$
锯齿波		$\dfrac{V_m}{2}$	$\dfrac{V_m}{\sqrt{3}}$	$\dfrac{2}{\sqrt{3}}=1.15$	$\sqrt{3}=1.73$

[1]　在 RC 串联电路中，$R = 20\text{k}\Omega$，$C = 10\mu\text{F}$ 时，求时间常数。

[2]　表 6.1 的波形中，最锐利的是哪个？同时考虑下其原由吧。

答案在 P.201

⧜ COLUMN　吸尘器引起的瞬态现象

感受一下近在咫尺的瞬态现象。在房间开灯的情况下，以最大功率打开吸尘器。你可能会感到房间的灯光瞬间变暗。这也是一种瞬态现象。

吸尘器的电机以一定的速度旋转之前，会有非常大的电流流过。虽然给照明供电的电线的电阻非常的小，但是由于大电流的通过，也会使电线上产生一定的压降。这就导致供应给照明的电压下降，使得灯光变暗。

虽然只有一瞬间，这是发生在吸尘器的电机达到稳定状态之前的瞬态现象。

问题的答案

您做对了吗？

如果您还有不
明白的地方，可以
在这里找到答案

问题的答案

问题1–1 ▶ 元气、气势、勇气、气息等

问题1–2 ▶ $-1.602 \times 10^{-19} \times 3\text{C} = -4.806 \times 10^{-19}\text{C}$

问题1–3 ▶ （1）0.1mg （2）100kg （3）3.5kg （4）35kg

问题1–4 ▶ $I = \dfrac{Q}{t} = \dfrac{3}{0.5}\text{A} = 6\text{A}$

问题1–5 ▶ 由 $I = \dfrac{Q}{t}$ 变换成 $Q = It$。因此，

$$Q = It = 0.1\,\text{A} \times 20\text{s} = 2\text{C}$$

问题1–6 ▶

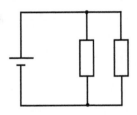 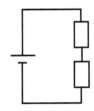

第 1 章　练习题的答案

【1】 $1.602 \times 10^{-19} \times 100\,\text{A} = 1.602 \times 10^{-19} \times 10^{2}\,\text{A}$

$$= 1.602 \times 10^{-19+2}\,\text{A}$$

$$= 1.602 \times 10^{-17}\,\text{A}$$

【2】 首先，通过的电荷量是：$Q = It = 1\,\text{A} \times 1\,\text{s} = 1\,\text{C}$。

此外，每个电子所带的电荷量为 $1.602 \times 10^{-19}\text{C}$（因为此处只考虑数量的大小所以省略了 ± 号）。因此，产生1C的电荷量意味着有需要有 $\dfrac{1}{1.602 \times 10^{-19}}$ 个 $= 6.242 \times 10^{18}$ 个电子通过。

问题的答案

问题 2-1 $I = \dfrac{V}{R} = \dfrac{10}{100} \, \text{A} = 0.1 \, \text{A}$

问题 2-2 $I = \dfrac{V}{R} = \dfrac{2}{10 \times 10^3} \, \text{A} = \dfrac{2}{10} \times 10^{-3} \, \text{A} = 0.2 \times 10^{-3} \, \text{A} = 0.2 \, \text{mA}$

问题 2-3 $V = IR = 50 \times 10^{-3} \times 100 \, \text{V} = 50 \times 100 \times 10^{-3} \, \text{V}$
$= 5000 \times 10^{-3} \, \text{V} = 5 \times 10^3 \times 10^{-3} \, \text{V} = 5 \times 10^{+3-3} \, \text{V}$
$= 5 \times 10^0 \, \text{V} = 5 \times 1 \, \text{V} = 5 \, \text{V}$

问题 2-4 $V = IR = 1 \times 10^{-3} \times 5 \times 10^3 \, \text{V} = 5 \times 10^{-3} \times 10^3 \, \text{V}$
$= 5 \times 10^{-3+3} \, \text{V} = 5 \times 10^0 \, \text{V} = 5 \times 1 \, \text{V} = 5 \, \text{V}$

问题 2-5 $V = IR = 1 \times 10^{-6} \times 100 \times 10^3 \, \text{V}$
$= 1 \times 100 \times 10^{-6} \times 10^3 \, \text{V}$
$= 100 \times 10^{-6+3} \, \text{V} = 1 \times 10^2 \times 10^{-3} \, \text{V} = 1 \times 10^{2-3} \, \text{V}$
$= 1 \times 10^{-1} \, \text{V} = 0.1 \, \text{V}$

问题 2-6 $V = IR = 0.1 \times 10^{-6} \times 1 \times 10^6 \, \text{V} = 0.1 \times 1 \times 10^{-6} \times 10^6 \, \text{V}$
$= 0.1 \times 10^{-6+6} \, \text{V} = 0.1 \times 10^0 \, \text{V} = 0.1 \times 1 \, \text{V} = 0.1 \, \text{V}$

问题 2-7 $R = \dfrac{V}{I} = \dfrac{1}{2 \times 10^{-3}} \, \Omega = \dfrac{1}{2} \times 10^3 \, \Omega = 0.5 \times 10^3 \, \Omega$
$= 0.5 \, \text{k}\Omega \; (= 500\Omega)$

问题 2-8 $R = \dfrac{V}{I} = \dfrac{50 \times 10^{-3}}{2 \times 10^{-3}} \, \Omega = \dfrac{50}{2} \times 10^{-3-(-3)} \, \Omega = 25 \times 10^{-3+3} \, \Omega$
$= 25 \times 10^0 \, \Omega = 25 \times 1\Omega = 25\Omega$

问题 2-9 $R = \dfrac{V}{I} = \dfrac{10}{50 \times 10^{-6}} \, \Omega = \dfrac{10}{50} \times 10^{+6} \, \Omega = 0.2 \times 10^6 \, \Omega$
$= 0.2 \, \text{M}\Omega \; (= 200 \, \text{k}\Omega)$

问题 2-10 $R = \dfrac{V}{I} = \dfrac{100}{10 \times 10^{-6}} \, \Omega = \dfrac{100}{10} \times 10^{+6} \, \Omega = 10 \times 10^6 \, \Omega = 10 \, \text{M}\Omega$

问题 2-11 $R_0 = R_1 + R_2 = 10\Omega + 100\Omega = 110\Omega$

问题 2-12 $R_0 = R_1 + R_2 = 2\Omega + 5\Omega = 7\Omega$

问题 2-13 如果将两个 2Ω 的电阻串联，其合成电阻值为 $2\Omega + 2\Omega = 4\Omega$。也就是说

问题 2-14 $R_0 = \dfrac{R_1 R_2}{R_1 + R_2} = \dfrac{20 \times 30}{20 + 30}\Omega = \dfrac{600}{50}\Omega = 12\Omega$

问题 2-15 $R_0 = \dfrac{R_1 R_2}{R_1 + R_2} = \dfrac{3 \times 6}{3 + 6}\,k\Omega = \dfrac{18}{9}\,k\Omega = 2\,k\Omega$ ← 注意单位

问题 2-16 $R_0 = \dfrac{R_1 R_2}{R_1 + R_2} = \dfrac{1 \times 1.5}{1 + 1.5}\,k\Omega = \dfrac{1.5}{2.5}\,k\Omega = 0.6\,k\Omega = 600\Omega$

问题 2-17 $R_0 = \dfrac{R_1 R_2}{R_1 + R_2} = \dfrac{1 \times (1 \times 10^3)}{1 + 1 \times 10^3}\Omega = \dfrac{1000}{1001}\Omega$

$= 0.99900099900099900099900099900\cdots\cdots\Omega \approx 1\Omega$

↑ 从这个问题可以看出，即使并联极大的电阻，也几乎没什么变化。

问题 2-18 如果将两个 20Ω 的电阻并联，它们的总电阻为 $\dfrac{20 \times 20}{20 + 20}\Omega = 10\Omega$。这意味着两个 20Ω 的电阻可以并联，作为一个 10Ω 电阻使用。

问题 2-19

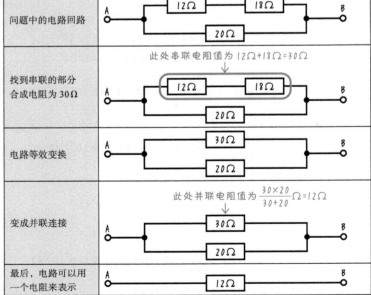

因此，AB 之间的组合电阻为 12Ω。

问题 2-20

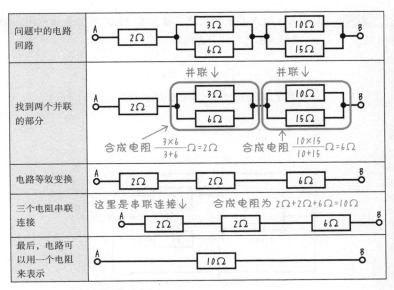

因此，AB 之间的组合电阻为 10 Ω。

问题 2-21

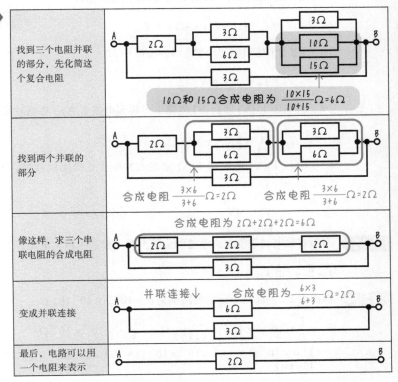

因此，AB 之间的组合电阻为 2Ω。

185

问题 2–22 （1）I_1(A) 流入了整个回路，首先求 AB 之间的合成电阻。下图为如何求出 AB 之间的合成电阻。

$$4\Omega + \frac{3 \times 6}{3+6}\Omega = 4\Omega + 2\Omega = 6\Omega$$

再加上 12V 的电压，根据欧姆定律，

$$I_1 = \frac{12}{6}A = 2\,A$$

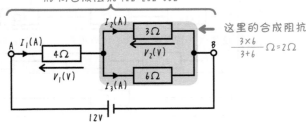

（2）根据欧姆定律，4Ω 的电阻流过的电流 I_1(A)

$$V_1 = I_1 \cdot 4\Omega = 2\,A \times 4\Omega = 8\,V$$

（3）AB 之间的电压为 12V，$V_1 = 8\,V$

$$V_2 = 12\,V - 8\,V = 4\,V$$

（4）将电压 V_2(V) 加到 3Ω 电阻上可得到电流 I_2(A)，根据欧姆定律，

$$I_2 = \frac{V_2}{3\Omega} = \frac{4V}{3\Omega} = 1.33\,A$$

（5）电压 V_3(V) 是电流 I_3(A) 加在 6Ω 电阻上产生的压降，根据欧姆定律，

$$I_3 = \frac{V_2}{6\Omega} = \frac{4V}{6\Omega} = 0.667\,A$$

问题 2–23 当所有的电动势都加到电池的内阻上时，会产生最大电流，

$$I = \frac{E}{r} = \frac{1.5}{0.5}A = 3\,A$$

问题 2–24 根据表 2.2，镍铬合金的电阻率为 $\rho = 107.3 \times 10^{-8}\,\Omega \cdot m$，

$$R = \rho\frac{L}{S} = 107.3 \times 10^{-8} \times \frac{1}{8 \times 10^{-6}}\Omega = \frac{107.3}{8} \times 10^{-8} \times 10^{+6}\Omega$$
$$= 13.4 \times 10^{-2}\Omega = 13.4 \times 10^{+1} \times 10^{-3}\Omega = 134 \times 10^{-3}\Omega$$
$$= 134\,m\Omega$$

问题 2-25 （1）根据欧姆定律得出电流为，$I = \dfrac{V}{R} = \dfrac{12}{8}A = 1.5A$

（2）消耗的功率为，$P = VI = 12V \times 1.5A = 18W$

（3）耗电量为，$W = Pt = 18W \times 3s = 54Ws$

EXESRCISES　　　第 2 章　练习题的答案

【1】根据欧姆定律，流过 8Ω 电阻的电流为 $\dfrac{8}{8} = 1A$。流过 8Ω 电阻的电流为

$\dfrac{8}{16} = 0.5A$。也就是说，当施加相同电压（8V）时，8Ω 电阻流过的电流是 16Ω

电阻的两倍。

【2】如果将 $R_1 = R$、$R_2 = R$ 两个电阻并联，则合成电阻为

$$R_0 = \frac{R_1 R_2}{R_1 + R_2} = \frac{RR}{R + R} = \frac{R^2}{2R} = \frac{R}{2}$$

也就是说，如果并联两个相同大小的电阻，则合成电阻变为原来电阻的一半⊖。

【3】如果将两个 10kΩ 的电阻并联，电阻为 $\dfrac{10 \times 10}{10 + 10}kΩ = 5kΩ$。如果串联另一个

10kΩ 电阻，则可将其用作 5kΩ + 10kΩ = 15kΩ 的电阻（即如果使用三个

10kΩ 的电阻，则组合电阻为 15kΩ）。

【4】（1）根据基尔霍夫定律

我们想要求出三个量，即 $I_1(A)$、$I_2(A)$、$I_3(A)$，因此需列出三个方程。如下图

所示，选择两个闭合回路和一个节点来应用基尔霍夫定律，让我们列出三个

方程。

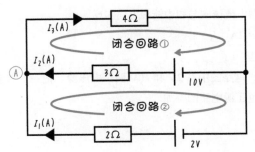

⊖ 顺便提一下，如果将三个相同大小的电阻并联，则组合电阻是一个电阻阻值的 $\dfrac{1}{3}$。

在闭合回路①、闭合回路②中应用基尔霍夫电压定律，

闭合回路①：$3I_2 + 4I_3 = 10$ 　　　闭合回路①：$2I_1 - 3I_2 = 2 - 10$

可以得到两个等式。在节点 A 应用基尔霍夫电流定律，

$I_1 + I_2 = I_3$

可以得到这样的公式。联立这三个方程

$3I_2 + 4I_3 = 10 \cdots$（①）　$2I_1 - 3I_2 = 2 - 10 \cdots$（②）　$I_1 + I_2 = I_3 \cdots$（③）

这样，求解这个方程式，得到 I_1、I_2、I_3。首先，消除 I_1，带入等式，等式中有两个未知数 I_2 和 I_3，可得下式，

$I_1 = I_3 - I_2 \cdots$（③）′

$$\begin{cases} 3I_2 + 4I_3 = 10 \cdots （①） \\ 2(I_3 - I_2) - 3I_2 = -8 \cdots （②） \end{cases}$$

$$\begin{cases} 3I_2 + 4I_3 = 10 \cdots （①） \\ -5I_2 + 2I_3 = -8 \cdots （②） \end{cases}$$

将式②乘 2 倍减式①

$$\begin{cases} 3I_2 + 4I_3 = 10 \cdots （①） \\ -10I_2 + 4I_3 = -16 \cdots 2 \times （②） \end{cases}$$

$13I_2 = 26 \cdots$（①）$- 2 \times$（②）

由此得出 $I_2 = 2A$

将 I_2 代入式①

得 $3 \times 2 + 4I_3 = 10$　移项，$4I_3 = 10 - 3 \times 2 = 4$

得 $I_3 = 1A$

最后，将 $I_2 I_3$ 代入式②′，得

$I_1 = I_3 - I_2 = 1A - 2A = -1A$

I_1 为负值说明电流流向与图中箭头方向相反。

$I_1 = -1A$、$I_2 = 2A$、$I_3 = 1A$

（2）叠加原理

如下图所示，电路图中有 2V 和 10V 两个电压源。把一个有多个电压源的电路分成若干个电压源电路的叠加。

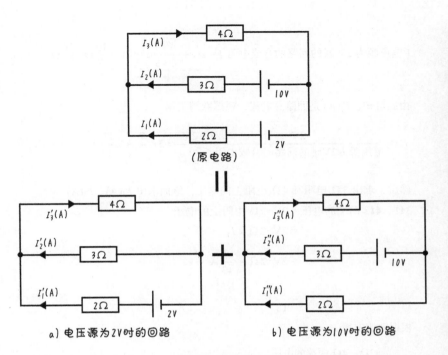

（原电路）

=

a）电压源为2V时的回路

b）电压源为10V时的回路

图 a ）为电压源为 2V 时的回路，流过 2Ω、3Ω、4Ω 电阻的电流分别为 $I'_1(A)$、$I'_2(A)$、$I'_3(A)$。图 b ）为电压源为 10V 时的回路，流过 2Ω、3Ω、4Ω 电阻的电流分别为 $I''_1(A)$、$I''_2(A)$、$I''_3(A)$。这样可以较容易求出 $I'_1(A)$、$I'_2(A)$、$I'_3(A)$、$I''_1(A)$、$I''_2(A)$、$I''_3(A)$，因为只有一个电压源。最后

$I_1 = I'_1 + I''_1$

$I_2 = I'_2 + I''_2$

$I_3 = I'_3 + I''_3$

叠加就可以了。现在，让我们将情况分为（a）和（b），并求出 6 个电流。

（a）电压源为 2V 时的回路

原本的示意图过于复杂。因此，我们将一个 2Ω 电阻顺时针扭转 180°，形成右图所示的示意图。可以看到 3Ω 电阻和 4Ω 电阻并联后再与 2Ω 电阻串联，然后，求出它们的合成阻抗。

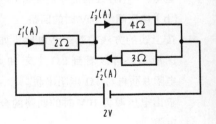

[电压源为 2V 时的回路的合成电阻] $= 2\Omega + \underbrace{\overbrace{\frac{4\times 3}{4+3}}^{\text{并联连接}}\Omega}_{\text{串联连接}} = 2\Omega + \frac{12}{7}\Omega = \frac{26}{7}\Omega$

由此可知，$I'_1(\mathrm{A})$ 是回路总电流，根据欧姆定律

$$I'_1 = \frac{2\mathrm{V}}{\text{电压源为2V时的回路的合成电阻}} = \frac{2\mathrm{V}}{\frac{26}{7}\Omega} = 2 \times \frac{7}{26}\mathrm{A} = \frac{7}{13}\mathrm{A}$$

然后，求出 3Ω 电阻和 4Ω 电阻上的电压，继而求出 $I'_2(\mathrm{A})$、$I'_3(\mathrm{A})$。

3Ω、4Ω 两端的电压 $= 2\mathrm{V} - 2\Omega$ 电阻上的电压

$$= 2\mathrm{V} - 2\Omega \times I_1$$

$$= 2\mathrm{V} - 2\Omega \times \frac{7}{13}\mathrm{A}$$

$$= \frac{12}{13}\mathrm{V}$$

根据欧姆定律，

$$I'_2 = -\frac{3\Omega、4\Omega\ \text{两端的电压}}{I'_2(\mathrm{A})\ \text{流过的阻抗}}$$

$$= -\frac{\frac{12}{13}\mathrm{V}}{3\Omega} = -\frac{12}{13\times 3}\mathrm{A} = -\frac{4}{13}\mathrm{A}$$

$$I'_3 = -\frac{3\Omega、4\Omega\ \text{两端的电压}}{I'_3(\mathrm{A})\ \text{流过的阻抗}}$$

$$= -\frac{\frac{12}{13}\mathrm{V}}{4\Omega} = \frac{12}{13\times 4}\mathrm{A} = \frac{3}{13}\mathrm{A}$$

这里，$I'_2(\mathrm{A})$ 处的负号是考虑了电流的方向。

（b）电压源为 10V 时的回路

按上述的方法重新塑造电路。如右图所示，可以看到 2Ω 电阻和 4Ω 电阻并联再与 3Ω 电阻串联。

求出电压源为 10V 时的回路的合成电阻。

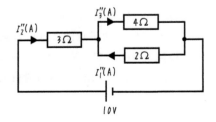

[电压源为 10V 时的回路的合成电阻] = $3\Omega + \underbrace{\overbrace{\dfrac{2\times 4}{2+4}}^{并联连接}\Omega}_{串联连接} = 3\Omega + \dfrac{4}{3}\Omega = \dfrac{13}{3}\Omega$

由此可知，I''_2(A) 是回路总电流，根据欧姆定律

$$I''_2 = \frac{10\text{V}}{\text{电压源为2V时回路的合成电阻}} = \frac{10\text{V}}{\dfrac{13}{3}\Omega} = 10\times\frac{3}{13}\text{A} = \frac{30}{13}\text{A}$$

然后，求出 2Ω 电阻和 4Ω 电阻上的电压，继而求出 I''_1(A)、I''_3(A)。

2Ω、4Ω 两端的电压 = 10V-3Ω 电阻上的电压

$$= 10\text{V}-3\Omega\times I''_2$$

$$= 10\text{V}-3\Omega\times\frac{30}{13}\text{A}$$

$$= \frac{40}{13}\text{V}$$

根据欧姆定律，

$$I''_1 = -\frac{2\Omega、4\Omega\text{ 两端的电压}}{I''_1(\text{A}) \text{ 流过的阻抗}}$$

$$= -\frac{\dfrac{40}{13}\text{V}}{2\Omega} = -\frac{40}{13\times 2}\text{A} = -\frac{20}{13}\text{A}$$

$$I''_3 = \frac{2\Omega、4\Omega\text{ 两端的电压}}{I'_3(\text{A}) \text{ 流过的阻抗}}$$

$$= -\frac{\dfrac{40}{13}\text{V}}{4\Omega} = \frac{40}{13\times 4}\text{A} = \frac{10}{13}\text{A}$$

这里，I''_1(A) 处的负号是考虑了电流的方向。

现在，I'_1(A)、I'_2(A)、I'_3(A)、I''_1(A)、I''_2(A)、I''_3(A) 6 个电流已求出。最后，利用叠加定理，

$$I_1 = I'_1 + I''_1 = \frac{7}{13}\text{A} + \left(-\frac{20}{13}\right)\text{A} = -1\text{A}$$

$$I_2 = I'_2 + I''_2 = \left(-\frac{4}{13}\right)\text{A} + \frac{30}{13}\text{A} = 2\text{A}$$

$$I_3 = I'_3 + I''_3 = \frac{3}{13}\text{A} + \frac{10}{13}\text{A} = 1\text{A}$$

得出最后结果。

【5】 如果该灯泡的电压为 $V=100\text{V}$，消耗功率为 $P=60\text{W}$、则电流 $I = \frac{P}{V} = \frac{60}{100}\text{A} = 0.6\text{A}$。

由此可以得出这个灯泡的电阻 $R = \frac{V}{I} = \frac{100}{0.6}\Omega$。

若给这个灯泡施加 $V'=80\text{V}$ 的电压。根据欧姆定律，在灯泡上施加 $V'=80\text{V}$ 的电压时，流过灯泡的电流 $I'(\text{A})$ 为

$$I' = \frac{V'}{R} = \frac{80\text{V}}{\dfrac{100}{0.6}\Omega} = \frac{80}{100}\times0.6\text{A}$$

在这种情况下消耗的功率 $P'(\text{W})$ 为 ⊖

$$P' = V'I' = 80\text{V} \times \frac{80}{100} \times 0.6\text{A} = 38.4\text{W}$$

【6】 当负载电阻为 0Ω 且所有电压都作用在内阻上时，可提供最大电流。根据欧姆定律，变成了

$$I = \frac{E}{r} = \frac{8}{2}\text{A} = 4\text{A}$$

最大供电功率见第 2-18 节最大供电功率中的说明，变成了

$$P_{\text{max}} = \frac{E^2}{4r} = \frac{8^2}{4\times2}\text{W} = 8\text{W}$$

⊖ 这个问题的关键在于求灯泡的电阻值。但实际上，根据所施加的电压，灯泡的电阻值会发生变化。因为灯泡的温度会随着流动的电流而变化，作为灯泡材料的灯丝的电阻率也会随之变化。这个例题忽略了这些细节。

第 3 章

问题的答案

问题 3–1 静电感应在导体中发生。极化发生在电介质中。

问题 3–2 电子所带的电荷量是 1.602×10^{-19}C $^{\ominus}$、$Q_1 = Q_2 = 1.602 \times 10^{-19}$C，根据库仑定律可知：

$$F = k \frac{Q_1 Q_2}{r^2} = 9.0 \times 10^9 \times \frac{1.602 \times 10^{-19} \times 1.602 \times 10^{-19}}{100^2} \text{N}$$

$$= 2.31 \times 10^{-32} \text{N}$$

问题 3–3 电容并联通过相加来计算，$C = C_1 + C_2 = 10\text{nF} + 30\text{nF} = 40\text{nF}$。

问题 3–4 电容串联通过类似"电阻并联"来计算，$C = \dfrac{C_1 C_2}{C_1 + C_2} = \dfrac{30 \times 60}{30 + 60} \text{nF} = 20\text{nF}$。

问题 3–5 $W = \dfrac{1}{2} \dfrac{Q^2}{C}$、$W = \dfrac{1}{2} \dfrac{(1 \times 10^{-3})^2}{1 \times 10^{-6}} \text{J} = 0.5\text{J}$。

EXESRCISES 第 3 章 练习题之一答案

【1】 电子所带的电荷量是 1.602×10^{-19}C、根据库仑定律可知，

$$F = k \frac{Q_1 Q_2}{r^2} = 9.0 \times 10^9 \times \frac{1.602 \times 10^{-19} \times 1.602 \times 10^{-19}}{2^2} \text{N}$$

$$= 5.77 \times 10^{-29} \text{N}$$

【2】 首先根据库仑定律求出比例常数 k。在真空中，介电常数为 ε_0，但现在求的是作用于玻璃中的电子的力。将比例常数中出现的 ε_0 替换成 ε，变成了

$$k = \frac{1}{4\pi\varepsilon} = \frac{1}{4\pi \times 7.5\varepsilon_0} = \frac{1}{4\pi\varepsilon_0} \times \frac{1}{7.5} = 9.0 \times 10^9 \times \frac{1}{7.5} = 1.2 \times 10^9$$

因此，

$$F = k \frac{Q_1 Q_2}{r^2} = 1.2 \times 10^9 \times \frac{1.602 \times 10^{-19} \times 1.602 \times 10^{-19}}{2^2} \text{N}$$

$$= 7.70 \times 10^{-30} \text{N}$$

$\ominus$ 不考虑 ± 的符号，因为只需要知道力的大小。

【3】$F = QE = 0.2 \times 3\text{N} = 0.6\text{N}$

【4】4本。

【5】$C = \varepsilon \dfrac{S}{d}$、$\varepsilon = \varepsilon_0 = 8.85 \times 10^{-12}\text{F/m}$、$S = 10\text{cm}^2 = 0.001\text{m}^2$、$d = 1\text{mm} = 1 \times 10^{-3}\text{m}$

因此，

$$C = \varepsilon \frac{S}{d} = 8.85 \times 10^{-12} \times \frac{0.001}{1 \times 10^{-3}} \text{F} = 8.85 \times 10^{-12} \text{F} = 8.85\text{pF}$$

【6】电容并联通过相加来计算、$C = C_1 + C_2 = 1\mu\text{F} + 1\mu\text{F} = 2\mu\text{F}$。

【7】并联五个 $1\mu\text{F}$ 的电容，则组合电容为 $1\mu\text{F} \times 5 = 5\mu\text{F}$。

问题的答案

问题 3-6 对 $I_2(\text{A})$ 所产生的磁力线方向与 $I_1(\text{A})$ 的电流方向应用弗莱明左手定则。参考下图，试用左手的不同手指来表示不同的物理量的方向。

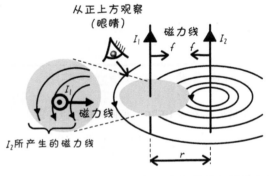

问题 3-7 安培定律：描述了沿着一个闭合回路的磁通密度总和与回路内电流之间的关系的定律。

毕奥·萨伐尔定律：描述了由部分电流（电流元）在空间任意点处所产生的磁通密度的定律。

问题 3-8 由于这是实践学习，因此可能很难在纸上给出答案。请亲自尝试一下吧。 铁应该能很容易地被吸附在磁铁上，不是吗？ 这是因为与真空中的磁导率相比，铁的磁导率非常大，所以铁中的磁通密度也就非常大，从而增加了磁铁和铁之间的吸引力。

铝几乎不会被磁铁所吸附。 这是因为铝的磁导率与真空中的磁导率几乎相同，所以将磁铁靠近真空与将其靠近铝的力几乎没有太大差别。

问题 3-9 ▶ 线圈匝数与电感之间存在着 $L = N\dfrac{\Phi}{I}$ 的关系。因此，$N = \dfrac{LI}{\Phi}$。

磁通变化的量为 $\Phi = 0.2\text{mWb} - 0.1\text{mWb} = 0.1\text{mWb}$，此时感应电流为

$I = 0.1\text{mA}$

于是可以得到

$$N = \frac{LI}{\Phi} = \frac{10 \times 10^{-3} \times 0.1 \times 10^{-3}}{0.1 \times 10^{-3}} = 0.01 \text{ 匝}$$

也就是需要绕 0.01 匝[一]。

问题 3-10 ▶ $W = \dfrac{1}{2}LI^2 = \dfrac{1}{2} \times 100 \times 10^{-3} \times (1 \times 10^{-3})^2 \text{J}$

$\qquad = 0.5 \times 10^{-7}\text{J} = 50 \times 10^{-9}\text{J} = 50\text{nJ}$

EXESRCISES 第 3 章 练习题之二答案

【1】磁通密度表示如下：

$$B = \mu_0\frac{I}{2\pi r} = 4 \times \pi \times 10^{-7} \times \frac{1}{2 \times \pi \times 1}\text{T} = 2 \times 10^{-7}\text{T}$$

根据 $B = \mu_0 H$，磁场强度为

$$H = \frac{B}{\mu_0} = \frac{2 \times 10^{-7}}{4 \times \pi \times 10^{-7}} = 0.159\text{A/m}$$

【2】磁通密度表示如下：

$$B = \mu_0\frac{I}{2r} = 4 \times \pi \times 10^{-7} \times \frac{1}{2 \times 1}\text{T} = 6.28 \times 10^{-7}\text{T}$$

根据 $B = \mu_0 H$，磁场强度为

$$H = \frac{B}{\mu_0} = \frac{\mu_0\dfrac{I}{2r}}{\mu_0} = \frac{I}{2r} = \frac{1}{2 \times 1}\text{A/m} = 0.5\text{A/m}$$

【3】磁通密度是用电磁力的强度来表示磁场的量。

磁场强度则是用电流的大小来表示磁场的量。

【4】弗莱明左手定则描述了在电磁力作用时，"电磁力""磁场"和"电流"之间的方向关系。

弗莱明右手定则描述了在产生感应电动势时，"导体的移动方向""磁场"和"感应电流"之间的方向关系，是左手定则的镜像。

⊖ 由于使用匝数不到 1 的线圈就能获得 10mH 的高电感，这表明线圈内的材料具有非常大的磁导率，或者线圈的尺寸非常大。但是实际中，只用一匝（单个）的线圈制造 10mH 的电感是非常困难的。

第4章

问题的答案

问题 4-1　$\cos 30° = \dfrac{底边}{斜边} = \dfrac{\sqrt{3}}{2}$

$\tan 30° = \dfrac{高边}{底边} = \dfrac{1}{\sqrt{3}}$

$\csc 30° = \dfrac{斜边}{高边} = \dfrac{2}{1} = 2$

$\sec 30° = \dfrac{斜边}{底边} = \dfrac{2}{\sqrt{3}}$

$\cot 30° = \dfrac{底边}{高边} = \dfrac{\sqrt{3}}{1} = \sqrt{3}$

问题 4-2　$f = \dfrac{1}{T} = \dfrac{1}{0.02\text{s}} = 50\text{Hz}$

问题 4-3　由瞬时值可以知道最大值是 20V。因此，

平均值 $= \dfrac{\pi}{2}$ 最大值 $= \dfrac{\pi}{2} \cdot 20\text{V} = 12.7\text{V}$

问题 4-4　由瞬时值可以知道最大值是 20V。因此，

有效值 $= \dfrac{1}{\sqrt{2}}$ 最大值 $= \dfrac{1}{\sqrt{2}} \cdot 20\text{V} = 14.1\text{V}$

问题 4-5　（1）$(3+\text{j}4)+(2-\text{j}3)=(3+2)+\text{j}(4-3)=5+\text{j}$

（2）$(3+\text{j}4)-(2-\text{j}3)=(3-2)+\text{j}\{4-(-3)\}=1+\text{j}7$

（3）$(3+\text{j}4)(2-\text{j}3)$

$\quad = 3 \cdot 2 + 3 \cdot (-\text{j}3) + \text{j}4 \cdot 2 + \text{j}4 \cdot (-\text{j}3)$

$\quad = 6 - \text{j}9 + \text{j}8 - \text{j}^2 12 = 6 + (-\text{j}9 + \text{j}8) - (-1) \cdot 12$

$\quad = (6+12) + \text{j}(-9+8) = 18 - \text{j}$

（4）$\dfrac{3+\text{j}4}{2-\text{j}3} = \dfrac{3+\text{j}4}{2-\text{j}3} \cdot \dfrac{2+\text{j}3}{2+\text{j}3} = \dfrac{(3+\text{j}4)(2+\text{j}3)}{(2-\text{j}3)(2+\text{j}3)}$

$\quad = \dfrac{-6+\text{j}17}{13} = -\dfrac{6}{13} + \text{j}\dfrac{17}{13}$

问题 4-6　这是实践。出门的时候要小心。

问题 4-7　实际计算一下吧。

196　问题的答案

$$\dot{V}_a + \dot{V}_b + \dot{V}_c$$

$$V + V\left(-\frac{1}{2} - j\frac{\sqrt{3}}{2}\right) + V\left(-\frac{1}{2} + j\frac{\sqrt{3}}{2}\right)$$

$$V\left(1 - \frac{1}{2} - j\frac{\sqrt{3}}{2} - \frac{1}{2} + j\frac{\sqrt{3}}{2}\right)$$

$$V\left[\underbrace{1 - \frac{1}{2} - \frac{1}{2}}_{\text{实部}} + j\underbrace{\left(-\frac{\sqrt{3}}{2} + \frac{\sqrt{3}}{2}\right)}_{\text{虚部}}\right]$$

$$= V(0 + j0) = 0$$

EXESRCISES　　　第 4 章　练习题的答案

【1】（1）$100\sqrt{2}\text{V}$

（2）平均值 $= \dfrac{2}{\pi} \times$ 最大值 $= \dfrac{2}{\pi} \times 100\sqrt{2}\text{V} = 90.0\text{V}$

（3）有效值 $= \dfrac{1}{\sqrt{2}} \times$ 最大值 $= \dfrac{1}{\sqrt{2}} \times 100\sqrt{2}\text{V} = 100\text{V}$

（4）$120\pi t = \omega t$ 因此、$\omega = 120\pi \text{ rad/s} = 377\text{rad/s}$

（5）$\omega = 2\pi f$ 因此、$f = \dfrac{\omega}{2\pi} = \dfrac{120\pi}{2\pi}\text{Hz} = 60\text{Hz}$

（6）$T = \dfrac{1}{f}$ 因此、$T = \dfrac{1}{f} = \dfrac{1}{60\text{Hz}} = 0.0167\text{s} = 16.7\text{ms}$

【2】$Z = \sqrt{R^2 + (\omega L)^2} = \sqrt{6^2 + 8^2}\ \Omega = \sqrt{100}\ \Omega = 10\Omega$

【3】首先，阻抗是以矢量形式表示的

$$\dot{Z} = R + j\omega L = 6 + j8\Omega$$

根据欧姆定律

$$\dot{I} = \frac{\dot{V}}{\dot{Z}}$$

$$= \frac{10}{6 + j8} \quad \longleftarrow \boxed{\text{复数除法}}$$

$$= \frac{10}{6+j8} \cdot \frac{6-j8}{6-j8} \quad \boxed{\text{分母和分子同时处以 } 6-j8}$$

$$= \frac{10(6-j8)}{(6+j8)(6-j8)}$$

$$= \frac{10(6-j8)}{(6^2+8^2)}$$

$$= \frac{10(6-j8)}{100}$$

$$= \frac{6-j8}{10}$$

$$= 0.6 - j0.8\text{A}$$

电流用正交坐标得到了。

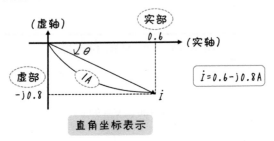

直角坐标表示

然后求功率因数。根据 $\dot{I}$ 的实部与虚部，以及矢量的方向（假设初相位 $=\theta$），根据勾股定理、

$$I = \sqrt{\text{实部}^2 + \text{虚部}^2} = \sqrt{0.6^2 + 0.8^2} = 1\text{A}$$

因为功率因数为 $\cos\theta$

$$\cos\theta = \frac{\text{实部}}{\text{大小}} = \frac{0.6}{1} = 0.6$$

最后，求出有效功率 P〔W〕

$$P = VI\cos\theta = 10 \times 1 \times 0.6 = 6\text{W}$$

【4】三相交流电的三个电压分别表示为

$$\dot{V}_a = V \text{、} \quad \dot{V}_b = V\left(-\frac{1}{2} - j\frac{\sqrt{3}}{2}\right) \text{、} \quad \dot{V}_b = V\left(-\frac{1}{2} + j\frac{\sqrt{3}}{2}\right)$$

矢量图如下图的左图所示。如右图所示，$\dot{V}_a + \dot{V}_b$ 的结果与 $\dot{V}_c$ 大小相等、方向相反，于是有

$$\dot{V}_a + \dot{V}_b + \dot{V}_c = (\dot{V}_a + \dot{V}_b) + \dot{V}_c = (-\dot{V}_c) + \dot{V}_c = 0$$

就会明白。

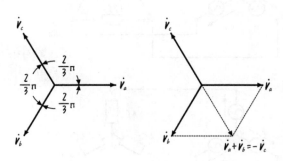

【5】如果我们将负载的△联结转换为 Y 联结，就可以将电路视为 Y－Y 联结。

$$\dot{Z}_Y = \frac{1}{3}\dot{Z}_\triangle$$

由上可知，如果将△联结时的阻抗乘以 $\frac{1}{3}$ 倍，则 Y 联结时的阻抗也能发挥同样的作用。因此，电路可重写如下图所示，如果只考虑一个相位，等式变为

$$I = \frac{V}{\dot{Z}_Y} = \frac{200}{4} = 50\text{A}$$

接下来是三相功率，相电压和相电流的计算公式为

$$V_p = 200\text{V} \qquad I_p = 50\text{A}$$

由于功率因数为 1，因此三路单相电源可使用以下公式：

$$P_3 = 3V_p I_p \cos\theta = 3 \cdot 200 \cdot 50 \cdot 1\text{W} = 30000\text{W} = 30\text{kW}$$

或者，也可以通过 Y－Y 联结线上的电压和电流得出同样的结果。

$$V_l = \sqrt{3}\,V_p = 200\sqrt{3}\,V \qquad I_l = I_p$$

因此，等式变为

$$P_3 = \sqrt{3}\,V_l I_l \cos\theta = \sqrt{3} \cdot 200\sqrt{3} \cdot 50 \cdot 1\text{W} = 30\text{kW}$$

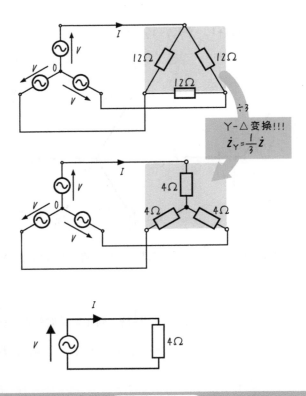

第 5 章

问题的答案

問題 5-1 （1）3　　（2）5　　（3）7　　（4）11

EXESRCISES　　第 5 章　练习题的答案

【1】零位法更为精确。这是因为使用零位法时，指针不会摆动，测量时不会带走被测量的能量。

【2】偏差测量法更易于测量，因为摇动指针可直接显示内存，而且测量值可立即获得。

【3】（误差）=（测量值）-（表值）= 102g - 100g = 2g

（误差率）= $\dfrac{\text{误差}}{\text{表值}} = \dfrac{2}{100} = 0.02 = 2\%$

【4】（误差）=（测量值）−（表值）= 1.67V − 1.5V = 0.17V

（误差率）= $\dfrac{误差}{表值}$ = $\dfrac{0.17}{1.5}$ = 0.113 = 11.3%

【5】 如图所示，当电阻 r_s 与电流表并联作为电流分压时，可求得 r_s 的值。r_s 的值已确定。由于电流表最多只能承载 5A 的电流，因此只需让分流器中的电流为 10A − 5A = 5A 即可。根据欧姆定律，电流表将承受 V_s = [流过电流表的电流] $\times r_a$ = 5A $\times$ 2Ω = 10V 的电压。因此，根据欧姆定律，

$$r_s = \frac{V_s}{r_s 流入的电流} = \frac{10}{5}\Omega = 2\Omega$$

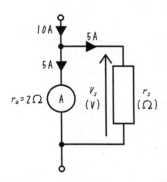

第 6 章

问题的答案

问题 6-1 一般来说，功率越大（能发电的功率越大）的发电机，过渡期越长。这是因为输出功率越大，发电机就越大，达到给定转速所需的时间就越长。

EXESRCISES 第 6 章 练习题的答案

【1】 $RC = 20 \times 10^3 \times 10 \times 10^{-6}$s = 0.2s。

【2】 半波整流波最尖锐。因为表示波形锐度的波率最高。